IN ACTION

Mathematics in Action Group

Members of the Mathematics in Action Group associated with this book:
D. Brown, R. D. Howat, E. C. K. Mullan, K. Nisbet, A. G. Robertson

**EXTRA
QUESTIONS**

Thomas Nelson and Sons Ltd
Nelson House Mayfield Road
Walton-on-Thames Surrey
KT12 5PL UK

Cover photograph by Darryl Williams/Steelcase Strafor plc

© Mathematics in Action Group 1994

First published by Blackie and Son Ltd 1986
New edition published by Thomas Nelson and Sons Ltd 1994

I(T)P Thomas Nelson is an International
       Thomson Publishing Company

I(T)P is used under licence

ISBN 0-17-431422-1
NPN 9 8 7 6

Printed in China

CONTENTS

INTRODUCTION

These *Extra Questions* are intended to supplement the course developed in the series **Maths in Action**. They consist of exercises of easier questions, closely related to the corresponding (and similarly numbered) exercises in Book 2, and based on the text in Book 2. The 'E' notation, for example Exercise 1E, enables easy cross-reference to be made between these exercises and the A, B and C exercises in Book 2, especially where both are being used in the classroom or for homework.

NUMBERS IN ACTION

EXERCISE 1E

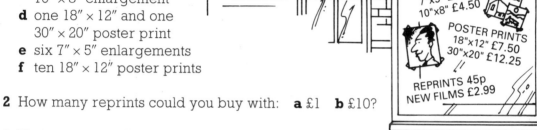

SUPER SNAPSHOTS

ENLARGEMENTS
7"x5" £1.75
10"x8" £4.50

POSTER PRINTS
18"x12" £7.50
30"x20" £12.25

REPRINTS 45p
NEW FILMS £2.99

1 Find the cost of:
  a one 10" × 8"enlargement
  b one 30" × 20" poster print
  c one 7" × 5" and one
    10" × 8" enlargement
  d one 18" × 12" and one
    30" × 20" poster print
  e six 7" × 5" enlargements
  f ten 18" × 12" poster prints

2 How many reprints could you buy with: **a** £1 **b** £10?

3 How many new films could you buy with £10?

4 Copy and complete this order:

Item	Cost	Quantity	Total
7" × 5"	£1.75	4	
10" × 8"	£4.50	3	
18" × 12"	£7.50	2	
30" × 20"	£12.25	1	
Reprint	£0.45	20	
New film	£2.99	2	
TOTAL COST			£

5 The table shows the cost in pence of peak rate telephone calls.

Type of call	Time (minutes) 1	2	3	4	5
Local	5	10	15	20	25
Up to 56 km ('a' rate)	15	25	40	50	60
Over 56 km ('b' rate)	20	35	50	70	85

Write down the cost of:
  a a 1 minute local call
  b a 5 minute 'a' rate call
  c a 2 minute 'b' rate call.

6 a Mandy's friend lives 30 km away. How much does her 4 minute call cost?
  b Jim's business call is to a town 110 km away. How much is his 5 minute call?

7 Gopal has 50p left on his phonecard. How many minutes can he have on:
  a a local call   **b** an 'a' rate call   **c** a 'b' rate call?

EXERCISE 2E

1 Write down the lengths marked with arrows, to the nearest 10 millimetres.

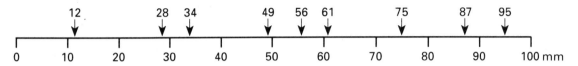

2 Give these boys' weights to the nearest 10 kg:
   a Tom, 68 kg **b** Ben, 42 kg **c** Chas, 65 kg

3 Give these girls' heights to the nearest 10 cm:
   a Debbie, 153 cm
   b Kelly, 148 cm
   c Joanne 160 cm

4 Write these to the nearest penny:
   a 6.4p   **b** 3.9p   **c** 16.5p   **d** 7.26p   **e** 72.93p

5 Round each amount to the nearest £.
   a £3.78   **b** £5.29   **c** £16.90   **d** £25.38   **e** £0.65

6 Round these wages to the nearest (i) £10 (ii) £100:
   a Mr Jones, £642   **b** Mr White, £878
   c Miss Parker, £955   **d** Mr Keats, £1284

7 The manager says the week's profits
are £500, to the nearest £100. Could
the profits be:
   a £580   **b** £480   **c** £529
   d £449   **e** £600?

8 Round these:
   a 5.8p to the nearest penny   **b** £54 to the nearest £10
   c 39.6 seconds to the nearest second   **d** £645 to the nearest £100
   e 2.54 cm to the nearest cm   **f** £10.09 to the nearest £1

EXERCISE 3E

1 a (i) 3.4 is between 3 and 4. Which is it nearest?
   (ii) 5.9 is between 5 and 6. Which is it nearest?
  b What numbers go in these spaces?
   (i) 8.3 is between ... and .... Which is it nearest?
   (ii) 4.6 is between ... and .... Which is it nearest?

2 Round these lengths to the nearest cm:

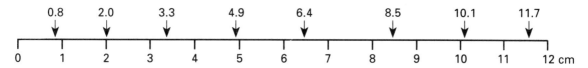

3 Round these weights to the nearest kg:
  a 14.2 kg   **b** 76.9 kg   **c** 24.5 kg   **d** 104.7 kg

4 Round these amounts of money to the nearest penny (2 decimal places):
  a £0.079   **b** £0.245   **c** £1.726   **d** £3.894   **e** £72.706   **f** £50.005

5 8.27 cm is 8.3 cm rounded to the nearest mm (1 decimal place). Round these lengths to the nearest mm:
  a 6.31 cm   **b** 5.88 cm   **c** 4.04 cm   **d** 7.25 cm   **e** 12.09 cm

6 a Calculate: (i) 0.32×6 (ii) 0.83×9 (iii) 0.26×8 (iv) 0.75×5
  b Round your answers to **a** correct to 1 decimal place.

7 A £100 prize is shared between three winners.
  a How much should each receive, correct to the nearest:
   (i) £1   (ii) 10p   (iii) 1p?
  b Repeat **a** for seven winners sharing the £100 prize.

EXERCISE 4E

1   (i) 328 MPs voted in favour.
   (ii) 300 MPs voted in favour.
   (iii) 330 MPs voted in favour.
   Which of the above is given to: **a** 1   **b** 2   **c** 3   significant figures?

2 Round to 1 significant figure:
   a 52   **b** 17   **c** 76   **d** 85   **e** 94

3 Round to 2 significant figures:
   a 624   **b** 286   **c** 109   **d** 890   **e** 756

4 a What is the value, in terms of 10s, 100s, etc, of the most significant column (underlined)?
   (i) 7̲2   (ii) 5̲99   (iii) 2̲8   (iv) 7̲290
   b Round each of the numbers in **a** to 1 significant figure.

5 In a census, the populations of these villages were recorded. Round each to 2 significant figures.

a	Greenford	684
b	Lakeham	519
c	Oakton	850
d	Eastbury	1374

6 The number of pupils in each year at Janet's school is: 1st, 275; 2nd, 220; 3rd, 196; 4th, 174; 5th, 138.
   a Round each number to 1 significant figure.
   b Estimate the total number of pupils.
   c What is the actual total?

7 An Electrical Discount Store sells 18 TVs.
   a Round 18 and £349 to 1 significant figure and estimate the total sales value.
   b Calculate the actual value.

8 Electrical Discount also sells 12 fridges.
   a Round 12 and £178.50 to 1 significant figure and estimate the sales value.
   b Calculate the actual value.

EXERCISE 5E

1 Calculate (without using a calculator):
 a (i) $6 \times 3 + 1$ (ii) $1 + 6 \times 3$
 b (i) $5 \times 7 + 4$ (ii) $4 + 5 \times 7$
 c (i) $2 \times 8 + 9$ (ii) $9 + 2 \times 8$
 Now check your answers with a calculator.

2 $8 \square 4 \square 2$. By placing $+$, $-$, $\times$ and $\div$ signs in the boxes, can you make the following numbers? (For example, $8 \times 4 \div 2 = 16$.)
 a 14   **b** 10   **c** 2   **d** 30   **e** 0   **f** 64

3 a Continue this pattern for two more rows:
   $2 \times 3 - 1 \times 2 = 4$
   $3 \times 4 - 2 \times 3 = 6$
   $4 \times 5 - 3 \times 4 = 8$
   . . . .
 b Write down the 10th row.

4 Which arrow goes with which target?

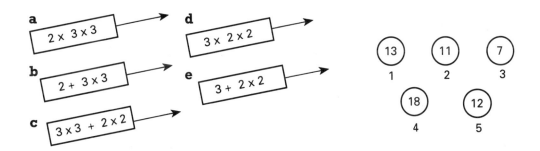

5 Copy the following, putting in brackets ( ) so that the statements are true.
 a $6 - 3 \times 2 = 6$ **b** $2 + 1 \times 3 = 9$ **c** $12 \div 6 \times 2 = 1$
 d $5 \times 3 - 2 = 5$ **e** $20 \div 10 \div 2 = 4$ **f** $2 \times 3^2 = 36$

EXERCISE 6E

Do these calculations mentally, or on paper.

1 **a** $5+6$ **b** $8+5$ **c** $7+9$
   d $13-8$ **e** $20-11$ **f** $22-5$

2 **a** 4×5 **b** 3×9 **c** 5×7
   d 4×9 **e** 6×6 **f** 7×8

3 **a** $19+8$ **b** $20+37$ **c** $25+25$
   d $30-17$ **e** $42-15$ **f** $100-9$

4 **a** 2×10 **b** 3×100 **c** 30×10
   d 40×100 **e** 8×1000 **f** 60×0

5 **a** 12×2 **b** 20×3 **c** 5×40
   d 6×30 **e** 12×7 **f** 20×20

6 **a** $70 \div 10$ **b** $110 \div 10$ **c** $800 \div 100$
   d $1000 \div 100$ **e** $60 \div 20$ **f** $600 \div 20$

7 **a** $12 \div 6$ **b** $18 \div 2$ **c** $30 \div 5$
   d $45 \div 9$ **e** $81 \div 9$ **f** $48 \div 6$

8 **a** $3+4+6$ **b** $5+8+4$ **c** $6+2+9$
   d $7+9+6+3$ **e** $8+5+7+9$

9 **a** 34×3 **b** 62×5 **c** 48×7
   d 143×6 **e** 36×14 **f** 43×28

10 **a** $65 \div 5$ **b** $96 \div 4$ **c** $128 \div 2$
   d $215 \div 5$ **e** $258 \div 6$ **f** $368 \div 8$

2 ALL ABOUT ANGLES

EXERCISE 1E

1

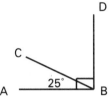

$\angle ABC + \angle CBD = 90°$
$\angle CBD$ is the *complement* of $\angle ABC$
$\angle CBD = 65°$

Name the complement of each marked angle, and calculate its size.

a 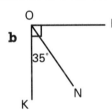   **b** 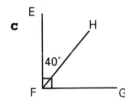   **c** 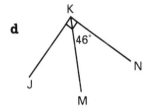   **d**

2 Calculate the complement of:
   a 5°   **b** 9°   **c** 19°   **d** 42°   **e** 65°   **f** 88°

3 Through how many degrees must the flag-pole be turned
to make it vertical?

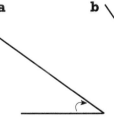

4 What angle does each
arrow need to be turned
through to make it
horizontal?

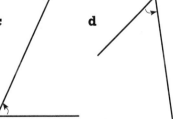

5 Measure each angle. Which pairs of angles are complementary?

a   **b**   **c**   **d**   **e**

6 In question **5**, which angles are acute and which obtuse? (*Remember:* an
acute angle is between 0° and 90°, an obtuse angle is between 90° and 180°.)

EXERCISE 2E

1

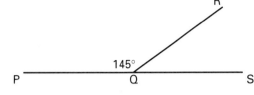

$\angle PQR + \angle RQS = 180°$
$\angle RQS$ is the *supplement* of $\angle PQR$
$\angle RQS = 35°$

Name the supplement of each marked angle, and calculate its size.

a 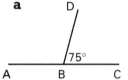   **b** 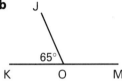   **c** 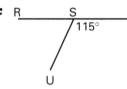   **d**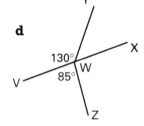

2 Calculate the supplement of:
    a 5°   **b** 20°   **c** 50°   **d** 100°   **e** 110°   **f** 135°   **g** 145°   **h** 170°

3 What is the supplement of each angle
    shown in the arrow diagrams?

    a 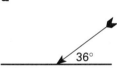   **b**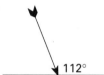

4 Calculate a, b,
    c and d.

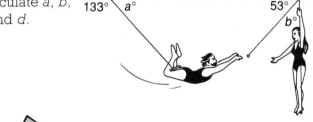
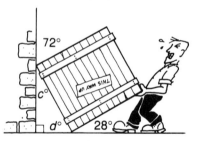

5

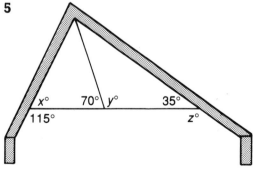

Calculate x, y and z in this roof structure.

6 a List all the acute and obtuse angles in the diagram in question **5**.
   b If an angle is acute, what can you say about its supplement?

EXERCISE 3E

1 Two straight lines cross. Opposite angles are equal. They are called vertically opposite angles.

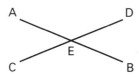

∠AED = ∠CEB
∠AEC = ∠DEB

Copy each diagram and mark pairs of vertically opposite angles.

a   **b**   **c**   **d**

2 Copy these diagrams and fill in the sizes of the angles marked with arcs.

a 37°   **b** 158°   **c** 42°   **d** 127°

3 For each diagram, name pairs of vertically opposite angles and give their sizes.

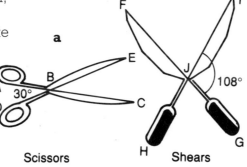

a Scissors   **b** Shears 108°   **c** Stool 85°

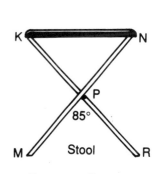

4 The eight main compass points are shown. How many *pairs* of vertically opposite angles are there of: **a** 45° **b** 90°?

74°   52°   126°

5 Calculate the sum of the three angles of triangle ABC. Explain how you got your answer.

EXERCISE 4E

1 Copy the diagrams and mark the equal, corresponding F-shaped angles.

a   **b**   **c**   **d**

e   **f**   **g**

2 In the street plan, the angle at A corresponds to the angle at I.
  a Which angles correspond to the angles at:
   (i) B   (ii) C   (iii) D   (iv) E   (v) H?
  b Which angles are vertically opposite:
   (i) B   (ii) J   (iii) K   (iv) D?

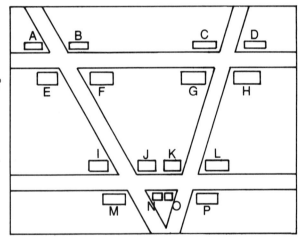

3   P

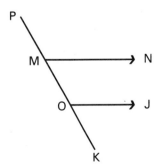

  a Name an angle corresponding to ∠KMN.
  b Name an angle corresponding to ∠JOP
  c Name an angle supplementary to ∠KMN.
  d ∠KMN = 72°. Find the sizes of the other three angles.

4

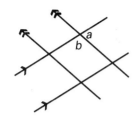

a Copy the diagram and mark with *a* all the angles corresponding to the angle *a*.

b Mark with *b* all the angles corresponding to the angle *b*.

5 Write down the sizes of angles *a*°, *b*°, *c*°, ...

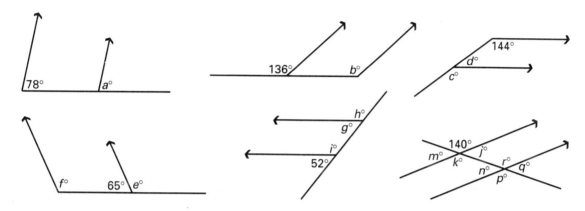

78°   *a*°   136°   *b*°   144°   *d*°   *c*°

f°   65° *e*°   *h*°   *g*°   *i*°   52°   *m*°   140°   *j*°   *k*°   *n*°   *r*°   *q*°   *p*°

EXERCISE 5E

---

1 Copy the diagrams and mark the equal, alternate Z-angles.

a   **b**   **c**   **d**

e   **f**   **g**

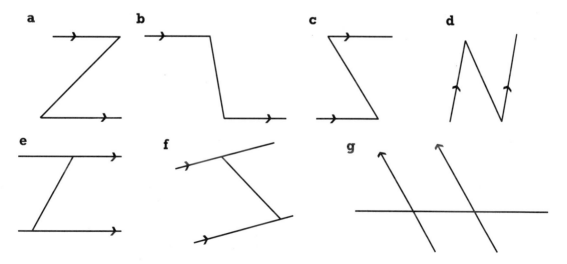

2 a In the street plan, the angle at building F is alternate to the angle at I. Which angle is alternate to the angle at
(i) E   (ii) G   (iii) H?

b Which angles are supplements of the ones at:
(i) E   (ii) D   (iii) I?

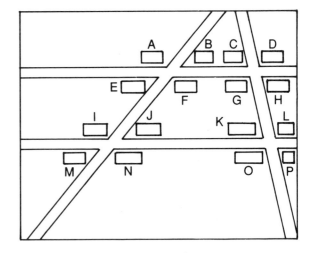

3

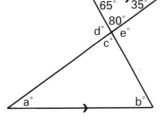

Count the number of pairs of alternate angles in the 'tree'.

4 Calculate the sizes of angles $a°$, $b°$, $c°$.

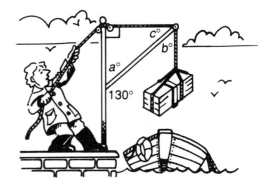

5

Find the sizes of the angles marked $a°$, $b°$, $c°$, ...

6 Copy the diagram, and fill in all the angles.

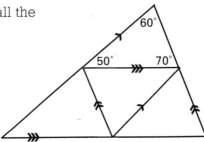

EXERCISE 6E

1 Write down the numbers for a *pair* of:
 a supplementary angles
 b vertically opposite angles
 c corresponding angles
 d alternate angles.

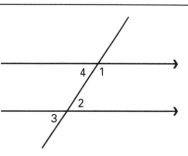

2

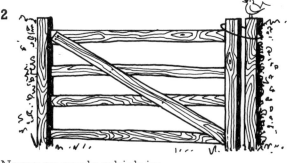

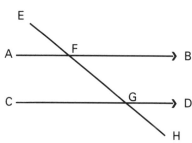

Name an angle which is:
 a vertically opposite ∠AFE
 c alternate to ∠BFG

 b corresponding to ∠AFH
 d the supplement of ∠EGD.

3 Calculate *a*, *b*, *c*, . . .

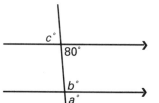

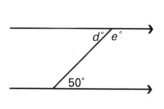

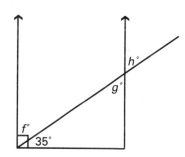

4

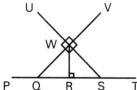

Name the:
 a complement of ∠QWR
 b supplement of ∠UST
 c angle vertically opposite ∠UWQ

5

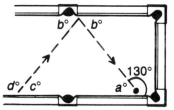

Calculate *a*, *b*, *c*, . . . for this snooker shot.

6 Copy this diagram and fill in the sizes of all the angles.

3 LETTERS AND NUMBERS

EXERCISE 1E

1 Use your calculator to calculate these. Are the two answers the same in each one?

a (i) $7+7+7+7+7+7$ (ii) 6×7
b (i) $13+13+13+13$ (ii) 4×13
c (i) $17+17+17+17+17+17+17$ (ii) 7×17
d (i) $9+9+9$ (ii) 3×9

2 Copy and complete the sentence for each picture.

a   **b**   **c**

$3x + 2x =$ $2x + 2x =$ $4x + x =$

3 Add:

a $n+n$ **b** $p+p+p$ **c** $t+t+t+t$ **d** $s+s$ **e** $y+y+y$
f $a+a+a+a$ **g** $b+b$ **h** $c+c+c+c$ **i** $d+d$ **j** $e+e+e+e+e$
k $x+x+x+x$ **l** $y+y+y$ **m** $z+z+z+z+z$ **n** $m+m$
o $n+n+n+n+n$ **p** $v+v+v+v$ **q** $d+d+d$ **r** $t+t+t+t+t+t$

4 a Here are some square numbers: **b** Here are some cube numbers:

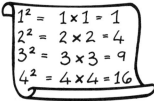

$$1^2 = 1 \times 1 = 1$$
$$2^2 = 2 \times 2 = 4$$
$$3^2 = 3 \times 3 = 9$$
$$4^2 = 4 \times 4 = 16$$

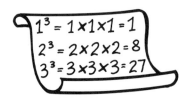

$$1^3 = 1 \times 1 \times 1 = 1$$
$$2^3 = 2 \times 2 \times 2 = 8$$
$$3^3 = 3 \times 3 \times 3 = 27$$

Complete this table up to 10^2.   Use your calculator to complete this table up to 7^3

5 Find the value of:

a (i) x^2 (ii) $2x$ (iii) $3x$ (iv) x^3 when $x = 3$
b (i) $2y$ (ii) y^2 (iii) $3y$ (iv) y^3 when $y = 2$
c (i) t^3 (ii) t^2 (iii) $2t$ (iv) $3t$ when $t = 4$
d (i) m^2 (ii) m^3 (iii) $3m$ (iv) $2m$ when $m = 7$

e (i) $3n$ (ii) $2n$ (iii) n^3 (iv) n^2 when $n = 6$
f (i) $2w$ (ii) $3w$ (iii) w^2 (iv) w^3 when $w = 5$
g (i) $2k$ (ii) k^2 (iii) k^3 (iv) $3k$ when $k = 1$
h (i) $3p$ (ii) p^3 (iii) $2p$ (iv) p^2 when $p = 10$

6 Add:

a $4a + 2a$ **b** $3b + 3b$ **c** $2c + 3c$ **d** $5d + 4d$ **e** $6e + 2e$
f $5x + 5x$ **g** $y + y$ **h** $y + 2y$ **i** $y + 3y$ **j** $4z + 4z$
k $9m + m$ **l** $6n + 6n$ **m** $k + k$ **n** $7a + 6a$ **o** $9b + 6b$

7 Subtract:

a $5x - 2x$ **b** $4y - 2y$ **c** $6p - 3p$ **d** $7t - 2t$ **e** $7t - t$
f $8u - 5u$ **g** $9v - 3v$ **h** $2a - a$ **i** $3b - 3b$ **j** $c - c$
k $10w - 4w$ **l** $7z - 6z$ **m** $8d - d$ **n** $9e - 5e$ **o** $10f - 7f$

Look at this:
$5 \times 5 = 5^2$
$a \times a = a^2$

8 Copy and complete:

a $3 \times 3 = \ldots^2$ **b** $4 \times 4 = \ldots^2$ **c** $6 \times 6 \times 6 = \ldots^3$
$\quad b \times b = \ldots$ $\quad c \times c = \ldots$ $\quad d \times d \times d = \ldots$

9 Multiply:

a $x \times x$ **b** $y + y$ **c** $z \times z$ **d** $n \times n$ **e** $k \times k$
f $m \times m \times m$ **g** $p \times p \times p$ **h** $t \times t \times t$ **i** $q \times q$ **j** $d \times d$

Look at this: $3a \times 2a = (3 \times 2) \times (a \times a) = 6a^2$

---

10 Multiply:

a $3b \times 2b$ **b** $2c \times 2c$ **c** $5d \times 2d$ **d** $3e \times 3e$ **e** $4f \times 2f$
f $2g \times 6g$ **g** $4k \times 4k$ **h** $5a \times a$ **i** $3b \times b$ **j** $9c \times 9c$

11

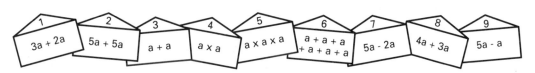

Cards: 1 $3a + 2a$ | 2 $5a + 5a$ | 3 $a + a$ | 4 $a \times a$ | 5 $a \times a \times a$ | 6 $a + a + a + a + a + a$ | 7 $5a - 2a$ | 8 $4a + 3a$ | 9 $5a - a$

a Copy the grid A.
b Work out the answer for Card 1. Find that answer on grid B, and fill in the card number in the same place in grid A as shown.
c Do this for each card. You should find that you have a magic square!

A

1		

B

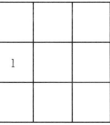

$7a$	$2a$	a^2
$5a$	a^3	$4a$
$6a$	$3a$	$10a$

EXERCISE 2E

1 Find the length of each straw (all lengths are in cm).

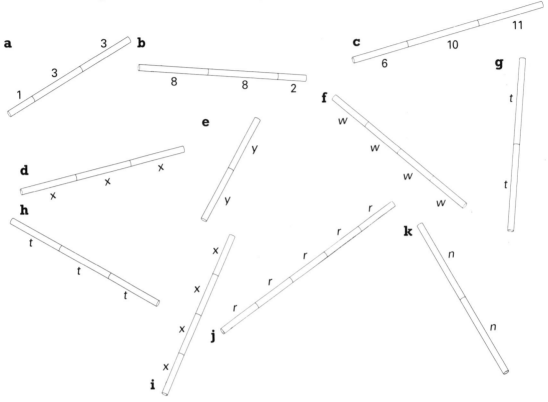

2 Find the output from each machine.

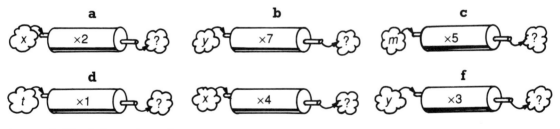

3 $x = 2$. Find the value of:

  a $3x$ **b** $x+x+x$ **c** $6x$ **d** $x+x+x+x+x+x$

  e $x+x$ **f** $2x$ **g** $7x$ **h** $8x$

4 $y = 5$. Find the value of:

  a y^2 **b** $2y$ **c** $3y$ **d** $y+y+y$

  e $7y$ **f** $8y$ **g** $6y$ **h** $5y$

  i $10y$ **j** $y+y$ **k** $y^2+y^2+y^2$ **l** $3y^2$

5 Calculate the area of each square in cm².

a

15

15

b

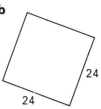

24

24

c

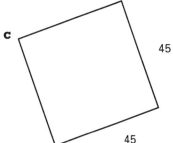

45

45

45

6 Write down expressions for the areas of these squares (lengths are in cm).

a

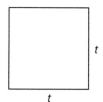

t

t

b

x

x

c

k

k

EXERCISE 3E

All the lengths are in metres.
1 Find the length of the third snake.

a

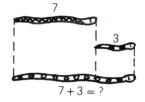

7

3

7 + 3 = ?

b

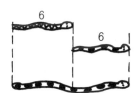

6

6

c

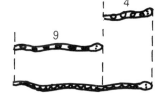

4

9

2 Write down the length of the third ladder, using letters and numbers.

a

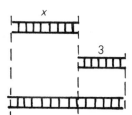

x

3

b

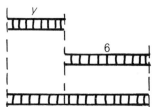

y

6

c

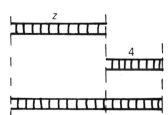

z

4

3 Find the length of the second snake.

a

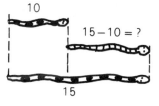

10

15 − 10 = ?

15

b

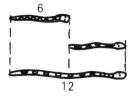

6

12

c

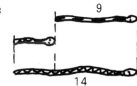

9

14

4 Write down the length of the third lizard, using letters and numbers.

a

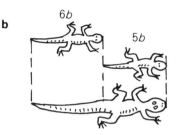

$2a + 3a = ?$

b

c

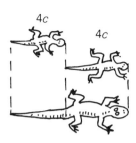

5 Calculate the perimeter of each triangle. The units are given beside the names.

a

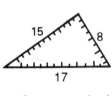

Set-square (cm)

b

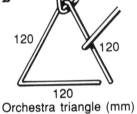

Orchestra triangle (mm)

c

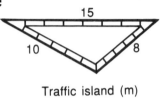

Traffic island (m)

6 Make a formula for the perimeter P of each triangle. For example $P = x + 8$.

a

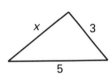

b

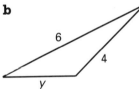

c

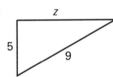

d

e

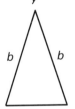

f

7 Calculate the perimeter of each rectangle in cm.

a

b

c

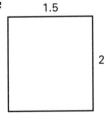

8 Make a formula for the perimeter P of each rectangle.

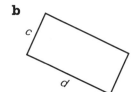

a

b

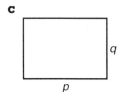

c

9 Make a formula for the perimeter P of each square.

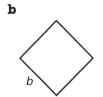

a

b

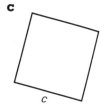

c

EXERCISE 4E

---

1 Calculate each pair of answers. In which one are the two answers not the same?

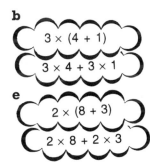

a

$2 \times (3 + 4)$

$2 \times 3 + 2 \times 4$

b

$3 \times (4 + 1)$

$3 \times 4 + 3 \times 1$

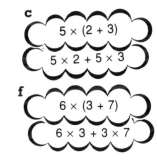

c

$5 \times (2 + 3)$

$5 \times 2 + 5 \times 3$

d

$4 \times (4 + 5)$

$4 \times 4 + 4 \times 5$

e

$2 \times (8 + 3)$

$2 \times 8 + 2 \times 3$

f

$6 \times (3 + 7)$

$6 \times 3 + 3 \times 7$

2 Paper cutting! Calculate the area of the large rectangle, then calculate the area of the two cut pieces and check that they add up to the first area.

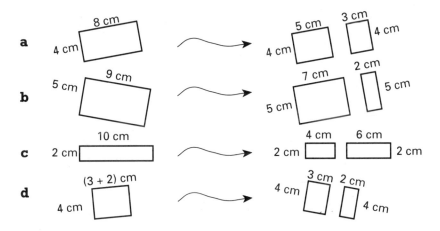

a 8 cm 4 cm   5 cm 3 cm 4 cm 4 cm

b 5 cm 9 cm   7 cm 2 cm 5 cm 5 cm

c 2 cm 10 cm   2 cm 4 cm 6 cm 2 cm

d (3 + 2) cm 4 cm   4 cm 3 cm 2 cm 4 cm

3 $x = 2$ and $y = 3$. Find the value of:

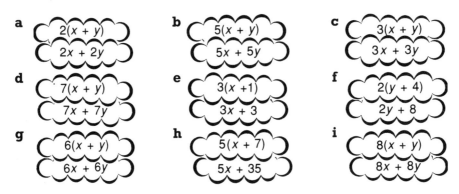

a $2(x + y)$ / $2x + 2y$

b $5(x + y)$ / $5x + 5y$

c $3(x + y)$ / $3x + 3y$

d $7(x + y)$ / $7x + 7y$

e $3(x + 1)$ / $3x + 3$

f $2(y + 4)$ / $2y + 8$

g $6(x + y)$ / $6x + 6y$

h $5(x + 7)$ / $5x + 35$

i $8(x + y)$ / $8x + 8y$

4 Repeat question **3** for $x = 4$ and $y = 1$.

EXERCISE 5E

1 Write these without brackets:

a $2(x+1)$	**b** $3(y-1)$	**c** $2(x+2)$	**d** $3(x-2)$
e $5(t+3)$	**f** $4(m+2)$	**g** $2(n-5)$	**h** $6(y+4)$
i $7(x-1)$	**j** $6(y+3)$	**k** $3(r+4)$	**l** $5(t-3)$
m $8(t+5)$	**n** $9(x-1)$	**o** $4(x-3)$	**p** $4(x+3)$
q $7(q+4)$	**r** $3(k+8)$	**s** $3(h+7)$	**t** $2(y-5)$
u $9(r-2)$	**v** $8(s+7)$	**w** $6(x-8)$	**x** $5(b-1)$

2 Pair equal expressions—a letter with a number.

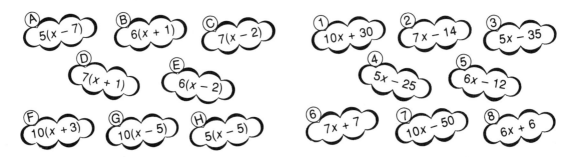

Ⓐ $5(x - 7)$ Ⓑ $6(x + 1)$ Ⓒ $7(x - 2)$ ① $10x + 30$ ② $7x - 14$ ③ $5x - 35$

Ⓓ $7(x + 1)$ Ⓔ $6(x - 2)$ ④ $5x - 25$ ⑤ $6x - 12$

Ⓕ $10(x + 3)$ Ⓖ $10(x - 5)$ Ⓗ $5(x - 5)$ ⑥ $7x + 7$ ⑦ $10x - 50$ ⑧ $6x + 6$

3 Write these without brackets:

a $2(x-9)$	**b** $3(b+1)$	**c** $8(c-7)$	**d** $2(m+3)$
e $7(e-5)$	**f** $7(p+5)$	**g** $4(h+6)$	**h** $5(v+9)$
i $10(g-9)$	**j** $4(a-6)$	**k** $7(r+9)$	**l** $8(n+2)$
m $3(d-7)$	**n** $6(k+2)$	**o** $9(q-4)$	**p** $6(u+7)$
q $8(y-9)$	**r** $10(w+8)$	**s** $5(f-9)$	**t** $7(t-7)$
u $2(s-4)$	**v** $7(z-4)$	**w** $6(t-6)$	**x** $8(c-4)$

4 MAKING SENSE OF STATISTICS 1

EXERCISE 1E

1 Katie's baby brother, Norman, was
born on the 30th of June. His weight
was measured every month. Katie
drew this line graph.
a What weight was Norman when he
was born?
b What weight was he at:
(i) 3 months
(ii) 6 months?
c When did he weigh 6 kg?
d His parents were worried between
months 1 and 2. Why?

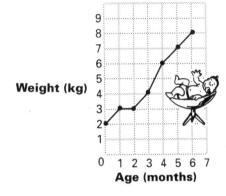

2

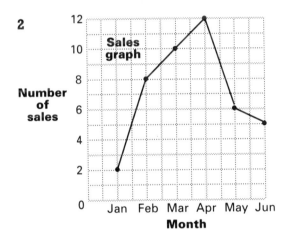

Weatherproof Windows' sales graph
has had its ups and downs.
a Which was the best month for sales?
b In which month were only 5 sales
made?
c Copy and complete this table:

Month	Jan	Feb	Mar	Apr	May	Jun
No. of sales						

d How many sales were made in the six
months?

3 The graph shows the temperature at
a weather centre from 10 am to 10 pm
on 11th May.
a What was the temperature at:
(i) 10 am   (ii) 8 pm?
b When was the highest temperature?
c What was the fall in temperature
from 4 pm to 10 pm?
d Describe the temperature changes
from 10 am to 10 pm.

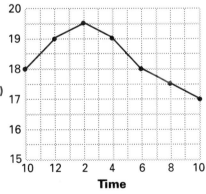

4

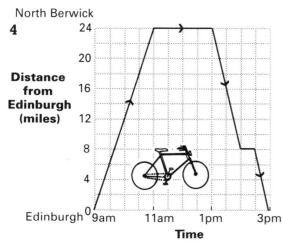

Bryan and Ali cycled from Edinburgh to North Berwick and back.

a What is the distance from Edinburgh to North Berwick?

b How long did they take to go?

c How long did they stop at North Berwick?

d On the way home they stopped at Musselburgh for ice cream.
  (i) How long did they stop?
  (ii) How far from Edinburgh is Musselburgh?

EXERCISE 2E

1 Why should you be suspicious about this advertisement?

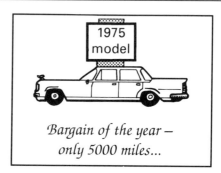

1975 model

Bargain of the year – only 5000 miles...

2 What is wrong with these graphs?

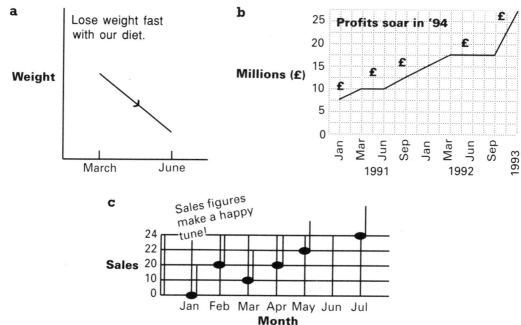

a
Lose weight fast with our diet.

Weight

March   June

b
25 **Profits soar in '94**
20
Millions (£) 15
10
5
0
Jan Mar Jun Sep Jan Mar Jun Sep
         1991   1992   1993

c
Sales figures make a happy tune!
24
22
Sales 20
10
0
Jan Feb Mar Apr May Jun Jul
Month

3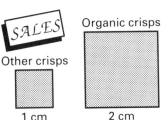

'Twice as many people eat Organic Crisps.'
Why is this diagram misleading?

4 There are several things wrong here.
Make a list of them.

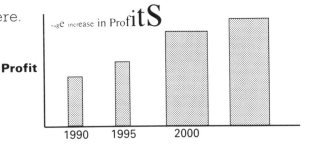

EXERCISE 3E

---

1 Calculate the mean of each of these lists:
  a 1, 2, 3, 4, 5, 6, 7   **b** 7, 9, 11, 13, 15, 17
  c 2, 4, 5, 12, 15, 13, 14, 16, 27   **d** 1.4, 2.7, 3.5, 1.2, 7.4

2 Measure the length and height of each box in centimetres and then calculate to
  1 decimal place:
  (i) the mean height of the boxes   (ii) the mean length of the boxes.

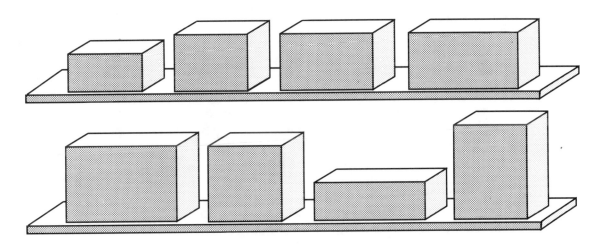

3 Mrs Smith bought some stamps for the office.

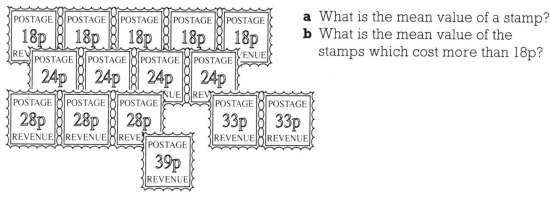

a What is the mean value of a stamp?
b What is the mean value of the stamps which cost more than 18p?

4 Jake's class did three mental arithmetic tests (each out of 10). The record cards show the scores.
   a Calculate the mean score for each test.   **b** Describe the trend.

Date	3 5 7 2 4
4 June	6 8 6 5 4
	3 7 7 2 1
Test	5 4 9 0 4
1	4 3 1 5 6

Date	6 5 4 8 2
11 June	3 7 8 3 6
	5 9 7 6 5
Test	8 5 9 1 4
2	6 6 1 4 5

Date	7 4 9 9 3
18 June	5 6 4 9 7
	6 6 2 6 7
Test	9 1 5 5 9
3	5 8 7 6 6

EXERCISE 4E

1 Find the median and mode of each list.
   a 1, 1, 1, 2, 2, 2, 2, 3, 3, 4, 4, 4, 5, 6, 7   **b** 2, 3, 4, 5, 5, 5, 6, 6, 7, 7, 8, 9, 10, 11
   c 2, 3, 4, 5, 5, 5, 6, 6, 7, 7, 8, 9, 10, 11, 12, 13   **d** 7, 5, 6, 5, 7, 5, 6, 7, 7, 8, 8, 9

2 Professor Annabel Harkins studied the figures in the Pharaoh's Tomb.
   a Find the median and modal height of a character.
   b Calculate the mean height and the range.

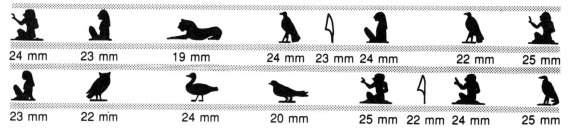

24 mm   23 mm   19 mm   24 mm   23 mm   24 mm   22 mm   25 mm

23 mm   22 mm   24 mm   20 mm   25 mm   22 mm   24 mm   25 mm

3 Jock was in a group of ten pupils. He scored 14 in a test out of 20. The rest of the scores were 11, 12, 14, 12, 15, 16, 12, 16, 13.
   a Find the median and mode of the 10 scores. (Include Jock's score.)
   b Describe Jock's score by mentioning the mean and the range of the class.

5 FRACTIONS, DECIMALS AND PERCENTAGES

EXERCISE 1E

1 Write these numbers in words: **a** 0.2   **b** 2.7   **c** 13.4   **d** 60.8

2 Write these numbers in figures:
   a nought point three   **b** one point six   **c** twelve point five   **d** fifty point nine

3

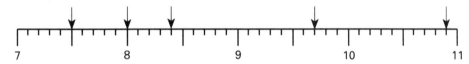

What numbers are the arrows pointing to?

4 In a 100 m race these are the runners'
times:
Geordie 12.2s, John 11.7s,
Mike 12.6s, Imran 11.2s.
List the runners in order, with the
winner first.

5 Calculate:
   a 0.3 + 0.4   **b** 0.6 + 0.7   **c** 2.8 + 3.7
   d 0.9 − 0.8   **e** 2.3 − 0.5   **f** 8.1 − 6.7

6 Multiply each number by 10:
   a 0.4   **b** 2.6   **c** 1.27

7 Multiply each number by 100:
   a 0.1   **b** 3.8   **c** 52.6

8 Divide each number by 10:
   a 3   **b** 17   **c** 2.58

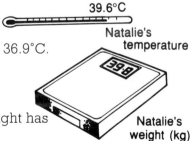

39.6°C

Natalie's
temperature

Natalie's
weight (kg)

9 **a** Natalie is in bed, ill. Her normal temperature is 36.9°C.
      How much higher is her temperature now?
   b Next day it is 37.0°C. What was the fall in her
      temperature?
   c Natalie's usual weight is 43.7 kg. How much weight has
      she lost during her illness?

10 This diagram shows the distances in km between four towns.

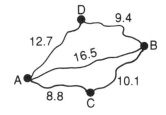

  a Calculate the distance right round ACBD.
  b How much shorter is it from A to B direct than:
    (i) via C   (ii) via D?

11

Unleaded petrol costs 45.3p per litre. Tariq needs 27 litres to fill his tank. How much does this cost?

12 Kelly earns £3.36 an hour at a supermarket checkout. Calculate her weekly wage for 39 hours.

EXERCISE 2E

1 **a** Make three copies of this shape and shade:
    (i) $\frac{1}{4}$ (ii) $\frac{1}{2}$ (iii) $\frac{3}{4}$
  b

Make three copies of this shape and shade:
    (i) $\frac{3}{4}$ (ii) $\frac{3}{8}$ (iii) $\frac{7}{8}$

2 Simplify these fractions: **a** $\frac{3}{6}$ **b** $\frac{2}{8}$ **c** $\frac{2}{10}$ **d** $\frac{3}{9}$ **e** $\frac{70}{100}$ **f** $\frac{15}{20}$

3 If $\frac{2}{3}$ of the pint of milk is spilt, how much is left in the bottle?

4 **a** How many vehicles can you count in the picture?
  b What fraction of them are
    (i) cars
    (ii) buses
    (iii) bikes?

5 Calculate:

   a $\frac{1}{2}$ of 10p   **b** $\frac{1}{10}$ of 10p   **c** $\frac{1}{4}$ of £1   **d** $\frac{3}{4}$ of 12p   **e** $\frac{2}{5}$ of 20p

6 A shopkeeper buys twenty TV sets. In one week he sells five of them. What fraction has he:

   a sold   **b** got left in stock?

7 Since 10% means $\frac{10}{100}$, write each of these in a similar way.

   a 20%   **b** 30%   **c** 66%   **d** 81%   **e** 99%   **f** 11%

8 Use 10% = $\frac{1}{10}$, 25% = $\frac{1}{4}$ and 50% = $\frac{1}{2}$ to calculate:

   a 10% of 30p   **b** 10% of £5   **c** 25% of 12 cm   **d** 50% of £8

9 **a** How much is taken off the price of the watch?
    b How much do you have to pay for it?

10 In a quiz, Susan's class score 30 points out of 50. Write this score as a percentage.

EXERCISE 3E

---

1 This bicycle usually costs £200. In a sale the shop gives a discount. How much would the discount be if the price is reduced by:

   a 10%   **b** 15%   **c** 30%?

2

$12\% = \frac{12}{100} = 0.12$

   a Use your calculator to find the discount on sports shoes priced £30, like this:

      Discount = 12% of £30 = 0.12 × £30 = ...

   b How much do you pay for the shoes?

3

The CDs usually cost £10. Calculate:

   a the discount

   b the price paid after a 20% discount.

4 It's January, so the sales are on. Most shops are giving discounts on their prices. For each item shown, calculate the discount, and the price you would have to pay.

5 How much interest does Eleanor get after one year if she puts in:

   a £600   **b** £250   **c** £3000?

OWN-A-HOME
BUILDING SOCIETY

10%   INTEREST PER YEAR

PAID ON DEPOSITS

6

APEX SAVINGS
14%
INTEREST PER YEAR

Robbie Scott puts £150 into Apex Savings.

   a How much interest does he get after 1 year?

   b How much money does he have then?

7 Calculate the interest after 1 year at 10% on:

   a £100   **b** £50   **c** £25   **d** £10   **e** £1

EXERCISE 4E

Percentages to fractions

$\frac{10}{100}$ can make an easier fraction, like this: $\frac{10}{100} = \frac{1}{10}$

Simplify these fractions:

1   **a** $\frac{50}{100}$ **b** $\frac{20}{100}$ **c** $\frac{40}{100}$ **d** $\frac{60}{100}$ **e** $\frac{25}{100}$ **f** $\frac{75}{100}$

2   Change these percentages to fractions in their simplest form:

   a 15% **b** 25% **c** 35% **d** 80% **e** 5% **f** 8%

3   17% = $\frac{17}{100}$ = 0.17. Change these percentages to decimal fractions:

   a 19% **b** 23% **c** 71% **d** 45% **e** 5% **f** 1%

5 FRACTIONS, DECIMALS AND PERCENTAGES

4 What fraction, in its simplest form, of each bottle is filled with juice?

a 10%   **b** 30%   **c** 4%   **d** 85%

5 In a box of 50 light bulbs, 12% are faulty. How many bulbs are:
a faulty   **b** all right?

Fractions to percentages | **a** $\frac{1}{5} = \frac{1}{5} \times 100\% = 20\%$ **b** $0.23 = 0.23 \times 100\% = 23\%$

6 Change these fractions to percentages:
a $\frac{1}{2}$ **b** $\frac{1}{4}$ **c** $\frac{1}{10}$ **d** $\frac{1}{20}$ **e** $\frac{2}{5}$ **f** $\frac{3}{4}$

7 Change these decimal fractions to percentages:
a 0.34   **b** 0.77   **c** 0.12   **d** 0.90   **e** 0.02   **f** 0.05

8 Change these marks to percentages:

a $\frac{40}{50}$ **b** $\frac{30}{40}$ **c** $\frac{17}{20}$ **d** $\frac{35}{50}$ **e** $\frac{9}{10}$

Fractions to decimal fractions | $\frac{1}{3} = 1 \div 3 = 0.33$, correct to 2 decimal places

9 Use your calculator to change these fractions to decimal form, correct to 2 decimal places:
a $\frac{1}{7}$ **b** $\frac{1}{6}$ **c** $\frac{2}{3}$ **d** $\frac{7}{8}$ **e** $\frac{1}{11}$ **f** $\frac{19}{50}$ **g** $\frac{25}{28}$

10 Pick equal sets from these fractions and percentages. For example, $\frac{1}{2} = 0.5 = 50\%$.

$\frac{3}{4}$ $\frac{1}{4}$ $\frac{1}{10}$ $\frac{1}{5}$ $\frac{3}{5}$

0.2 0.6 0.25 0.1 0.75

25% 60% 20% 75% 10%

EXERCISE 5E

1

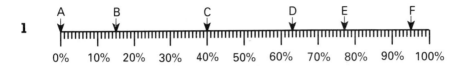

a Which percentages are the arrows pointing to?
b How many percent are between arrows:
   (i) A and C   (ii) B and D   (iii) E and F?
c If the whole line represents a road 100 metres long, what is the distance on the road from:
   (i) A to B   (ii) C to D   (iii) E to F?

2 In a survey, 25% of pupils played a sport at the weekend, and 40% watched some sport.
   a What percentage neither played nor watched sport?
   b The survey involved 60 pupils. How many of them:
      (i) played a sport   (ii) watched some sport?

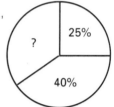

3 On Friday 10% of Eileen's class were absent.
   a What percentage were present?
   b What fraction were: (i) absent   (ii) present?
   c There are 30 pupils in her form. How many were: (i) absent   (ii) present?

4 A television company provides 20 hours of viewing daily.
   a 5% of the time is for news. How much time is this?
   b 4 hours' viewing is for children. What percentage of time is this?

5 Mrs Ryan's restaurant bill comes to £15 plus a 10% service charge. Calculate: **a** the service charge   **b** the total bill.

6 Noreen scores 24 out of 30 for English and 64 out of 80 for mathematics. Change her scores to percentages to find out which mark is better.

6 DISTANCES AND DIRECTIONS

EXERCISE 1E

1 On a scale drawing a road AB is shown   A ——————————— B
   by a line 5 cm long.   5 cm
   What is the actual length of the road AB if the scale is:
   a 1 cm to 1 km   **b** 1 cm to 1 mile   **c** 1 cm to 10 m   **d** 1 cm to 100 m?

2 Many people enjoy playing
   bowls. You might have watched
   them playing the game on
   television, or in the park. The aim
   is to roll your bowl closer to the
   jack (a smaller white ball) than
   your opponent. Here is a picture
   of four bowls and the jack during
   a game:

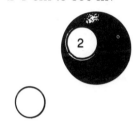

   The picture has been drawn to scale.   *Scale:* 1 cm to 10 cm
   A distance of 1 cm in the picture means
   10 cm life-size.
   a *Guess* which bowl is nearest the jack. Guess the second, third and fourth
   closest.
   b Check that bowl number 1 is 1.5 cm from the jack. (Measure between their
   nearest points.) What is the actual distance between this bowl and the jack?
   c Measure the distances of the other bowls from the jack in the picture.
   d What are the actual distances of the other bowls from the jack?

3

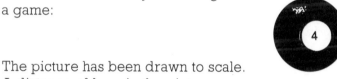
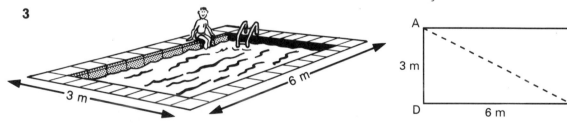

   A children's swimming pool is in the shape of a rectangle 6 m by 3 m.
   a Use a scale of 1 cm to 1 m to make a scale drawing of the pool.
   b Measure AC. Calculate its actual length.
   c Measure BD and calculate its actual length.

4 Use a scale drawing (1 cm to 1 m) to find the length of the ladder.

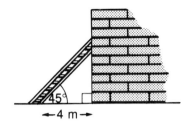

45°

←4 m→

EXERCISE 2E

---

1 In which direction is each of these towns from London:

   a Coventry   **b** Scarborough

   c Cardiff   **d** Brighton

   e Liverpool   **f** Norwich

   g Southampton?

N   E   NE   SE

S   W   NW   SW

2 In which direction is:

   a London from Brighton

   b Coventry from Cardiff

   c Cardiff from Southampton?

3 The circles and arrows show the wind speed and direction: *From* which direction does the:

   a strongest

   b lightest

   wind blow?

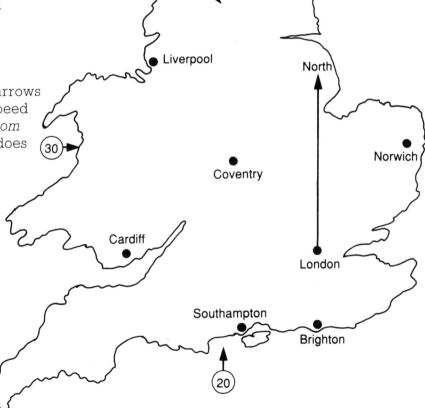

4 The post van leaves the
post office to deliver mail
to all of these farms. Its route is
NE, then NW, E, S, SW,
SE, W, SW, N, NE to PO.
  a List the farms in the
     order in which they
     got their mail.
  b Which one received
     no mail?

 J

 D

 F

 A

 P.O.

 I

 E

 C

 G

 B

 H

EXERCISE 3E

1 Use your protractor to measure the three-figure bearing of the ship S from the
point P in each diagram.

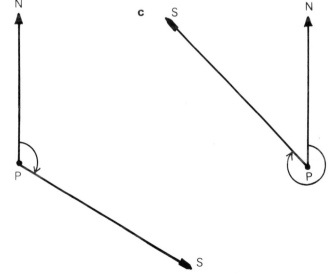

a   **b**   **c**

2 a Check that the three-figure
bearing of the golfer from
O is 020°.

b Write down the three-
figure bearings of the:
(i) target
(ii) footballer kicking ball
(iii) tennis player
(iv) horse rider
(v) goalkeeper
(vi) gymnast
(vii) archer.

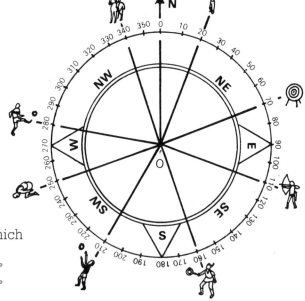

3 Write down the compass points which
have these three-figure bearings:
a 090°   **b** 180°   **c** 270°   **d** 000°
e 045°   **f** 135°   **g** 315°   **h** 225°

4

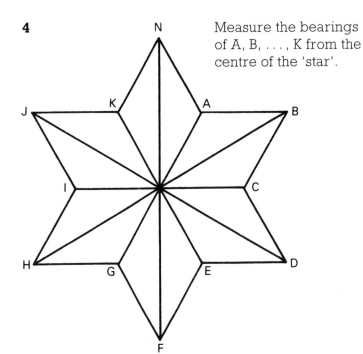

Measure the bearings
of A, B, ..., K from the
centre of the 'star'.

EXERCISE 4E

1 The diagram shows the position of five boats around a lighthouse. It is drawn to scale: 1 cm = 1 km.

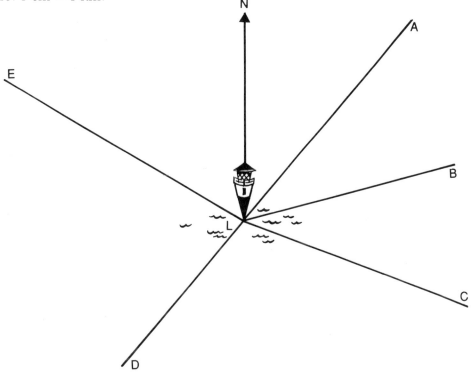

Use your ruler and protractor to find the distance and three-figure bearing of each boat from the lighthouse.

2 In each of the following use a scale of 1 cm = 1 km to make a scale drawing.

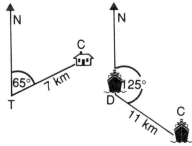

a Cottage C is 7 km from the tree at T on a bearing of 065°.

b Ship C is 11 km from ship D on a bearing of 125°.

3 Plane Y is 24 km from plane X. The bearing of Y from X is 290°. Use a scale of 1 cm to 2 km to make a scale drawing.

4 'Mayday! Boat sinking! 10 km from harbour on a bearing of 160°.' Make a scale drawing showing the positions of the boat in distress (B) and the harbour (H).

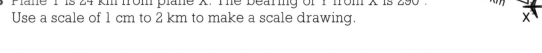

7 POSITIVE AND NEGATIVE NUMBERS

EXERCISE 1E

1 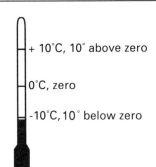 Write down the temperature for
a 5° above zero
b 5° below zero
c 1° above zero
d 20° below zero

2 This thermometer can show temperatures from −5°C to +15°C. Write down the temperatures at the points marked **a** to **e**.

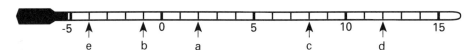

3 Write down the highest and lowest temperatures in each question:
a 0°, 1°, 2°   **b** 0°, 5°, −5°   **c** 10°, 9°, 11°   **d** −6°, −3°, −9°

4

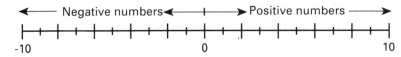

Make a list, in order, of all the numbers from −10 to 10 that go on the number line (−10, −9, . . . , 10).

5 Which of these numbers are: **a** positive   **b** negative?
7, −7, −1, 9, −9, 1, 5, −3, 10, −10

6 Write down three more numbers in each sequence.
a 3, 2, 1, . . .   **b** 0, −1, −2, . . .   **c** −1, 0, 1, . . .   **d** −5, −4, −3, . . .
e 7, 5, 3, . . .   **f** −8, −4, 0, . . .   **g** −5, 0, 5, . . .   **h** 7, 4, 1, . . .

7 Aberdeen, −5°C   Glasgow, −1°C   Inverness, −7°C   Swansea, 5°C
Leeds, 1°C   Belfast, −2°C   London, 2°C   Manchester, 0°C
Plymouth, 3°C   York, 4°C
a Which place was: (i) warmest   (ii) coldest?
b List the temperatures in order, from warmest to coldest.

8 The graph shows the monthly profits in a school shop. A 'negative profit' is a loss.

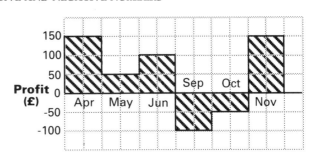

  a Write down the profit each month (including 'negative' profits).

  b Calculate the total profit.

9

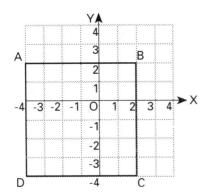

ABCD is a square. Copy and complete these points and their coordinates:
A $(-4, \ldots)$, B $(2, \ldots)$,
C $(\ldots, \ldots)$, D $(\ldots, \ldots)$.

10 On squared paper draw x and y-axes from -4 to 4, as in question **9**. Plot each set of points, joining them up as you go. What letters have you drawn?

  a $(1, 4) \rightarrow (1, 1) \rightarrow (3, 1)$

  b $(-4, 4) \rightarrow (-3, 1) \rightarrow (-2, 4)$

  c $(-2, -1) \rightarrow (-2, -4) \rightarrow (-4, -1) \rightarrow (-4, -4)$

  d $(1, -1) \rightarrow (3, -1) \rightarrow (1, -4) \rightarrow (3, -4)$.

11 This is a sketch map of Smugglers' Island.

  a List all the places marked, and give their coordinates.

  b Write down the coordinates of the most:

   (i) southerly point

   (ii) westerly point

    of the island.

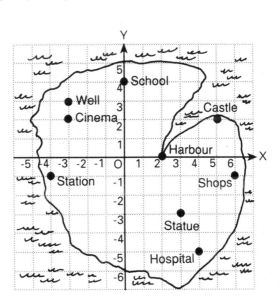

12 a Plot these points, joining them up as you go.

$(4, 2) \rightarrow (2, 4) \rightarrow (-2, 4) \rightarrow (-4, 2) \rightarrow (-4, -2) \rightarrow (-2, -4) \rightarrow (2, -4) \rightarrow$
$(4, -2) \rightarrow (4, 2).$

b How many sides has the shape?

c Draw in all the lines of symmetry.

d Does the shape have:

(i) half turn symmetry about O   (ii) quarter turn symmetry about O?

EXERCISE 2E

1 Write down calculations for these walks:

a
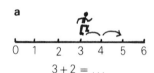
$3 + 2 = \ldots$

b
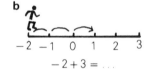
$-2 + 3 = \ldots$

c
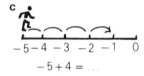
$-5 + 4 = \ldots$

d
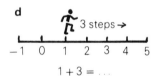
$1 + 3 = \ldots$

e

$-3 + 3 = \ldots$

f
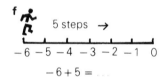
$-6 + 5 = \ldots$

2 Write down calculations for these walks:

a

b

c

d

e

f

3 Draw a number line, with numbers from -10 to 10. Use it to help you calculate:

a $-8 + 4$	**b** $-7 + 6$	**c** $-5 + 3$	**d** $-9 + 1$	**e** $-9 + 8$
f $-3 + 5$	**g** $-1 + 8$	**h** $0 + 7$	**i** $-8 + 9$	**j** $-10 + 10$
k $-6 + 3$	**l** $-2 + 3$	**m** $-7 + 7$	**n** $-5 + 1$	**o** $-8 + 9$

4 Calculate the temperatures at midday.

Temperature at midnight	1°C	−6°C	−4°C	−2°C	−3°C	2°C	−4°C	−1°C
Change in temperature	+3°	+5°	+5°	+4°	+3°	+4°	+7°	+6°
Temperature at midday								

EXERCISE 3E

1 Write down calculations for these walks:

a
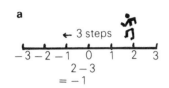
$$2-3$$
$$=-1$$

b
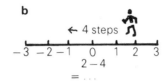
$$2-4$$
$$= \ldots$$

c
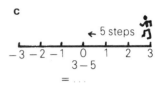
$$3-5$$
$$= \ldots$$

d
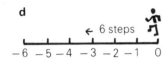

e
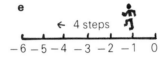

f

2 Draw a number line from -10 to 10. Use it to help you to calculate:

a $6+(-1)$ **b** $5+(-2)$ **c** $8+(-3)$ **d** $1+(-2)$ **e** $3+(-5)$
f $4-7$ **g** $6-8$ **h** $3-4$ **i** $1-4$ **j** $0-3$
k $-5-2$ **l** $-3-1$ **m** $-7-4$ **n** $-1-6$ **o** $-3-3$

3 Copy and complete these subtractions by watching the sequences of numbers:

a $3-3 \quad = 0$ **b** $4-3 \quad = 1$ **c** $5-2 \quad =$ **d** $2-2 \quad =$
   $3-2 \quad = 1$ $4-2 \quad =$ $5-1 \quad =$ $2-1 \quad =$
   $3-1 \quad = 2$ $4-1 \quad =$ $5-0 \quad =$ $2-0 \quad =$
   $3-0 \quad =$ $4-0 \quad =$ $5-(-1) = 6$ $2-(-1) =$
   $3-(-1) = 4$ $4-(-1) = 5$ $5-(-2) =$ $2-(-2) =$
   $3-(-2) =$ $4-(-2) =$ $5-(-3) =$ $2-(-3) =$

4 Copy and complete:

a $5-(-3) = 5+3 = \ldots$ **b** $6-(-1) = 6+\ldots = \ldots$
c $1-(-3) = 1+\ldots = \ldots$ **d** $-4-(-4) = -4+\ldots = \ldots$
e $0-(-7) = 0+\ldots = \ldots$ **f** $-8-(-1) = -8+\ldots = \ldots$

5 Calculate:

a $3-(-3)$ **b** $2-(-2)$ **c** $1-(-1)$ **d** $6-(-5)$ **e** $5-(-2)$
f $2-(-6)$ **g** $3-(-7)$ **h** $0-(-1)$ **i** $10-(-10)$ **j** $4-(-1)$
k $-2-(-5)$ **l** $-1-(-8)$ **m** $-3-(-6)$ **n** $-5-(-1)$ **o** $-7-(-2)$

6 The faces of two dice are numbered $-3, -2, -1, 1, 2, 3$. The dice are rolled and the scores added together. What totals are scored in **a–h** below?

a

b

c

d

e

f

g

h

7 Repeat question **6**, but subtract the scores. Give two answers for each.

EXERCISE 4E

1 What is wrong with this story?   The bus leaves the garage with 7 passengers.

8 passengers come on board and 1 leaves.

3 passengers come on board and 6 leave.

2 passengers come on board and 9 leave.

2 passengers come on board and 8 leave.

2 Calculate:

a	$-4+9$	**b**	$-6+2$	**c**	$-2+2$	**d**	$7+(-3)$
e	$-3+(-4)$	**f**	$-8+(-5)$	**g**	$4-5$	**h**	$-3-3$
i	$-1-8$	**j**	$4-(-1)$	**k**	$-1-(-3)$	**l**	$-8-(-7)$
m	$-6-2$	**n**	$-1+8$	**o**	$5-(-5)$	**p**	$6-9$
q	$-6-9$	**r**	$-6-(-9)$	**s**	$4+(-3)$	**t**	$0-(-2)$

3 Temperatures in °C one night in March were:
Scotland $-1, -3, -5, 0, -2, 1$; England $-1, 0, -2, 3, 5$.
  a What is the difference between the highest and lowest temperatures?
  b Overnight the temperatures in England rose 2°. What did they become?
  c All the temperatures in Scotland fell 2°. What did they become?

Challenge: a picture to plot!
On squared paper, draw the x-axis from -12 to 12, and the y-axis from -16 to 16.
Plot these points, joining them up in order.
$(-2, -16), (-3, -15), (-4, -16), (-4, -14), (-5, -14), (-3, -12), (-2, -13),$
$(-1, -10), (-2, -7), (-3, -7), (-5, -9), (-7, -10), (-8, -10), (-8, -9),$
$(-9, -9), (-8, -8), (-9, -7), (-6, -7), (-5, -5), (-2, -4), (-3, -1),$
$(-10, -3), (-11, -3), (-11, -2), (-12, -2), (-11, -1), (-12, 0), (-10, 0),$
$(-9, -1), (-6, 1), (-9, 2), (-11, 5), (-12, 5), (-11, 6), (-12, 8), (-11, 8),$
$(-11, 9), (-9, 8), (-9, 6), (-8, 4), (-4, 3), (-3, 6), (-5, 6), (-5, 7), (-3, 7),$
$(-5, 8), (-5, 10), (-3, 10), (-2, 12), (2, 12), (4, 14), (4, 11), (6, 8), (4, 8), (5, 6),$
$(3, 6), (4, 4), (3, 4), (4, 2), (3, 2), (3, -4), (4, -4), (7, -1), (7, 1), (8, 0), (9, 3), (8, 5),$
$(9, 5), (9, 7), (10, 6), (11, 6), (9, 1), (10, 1), (8, -2), (9, -2), (7, -3), (5, -5), (3, -6),$
$(2, -8), (3, -10), (3, -11), (-2, -16).$

8 ROUND IN CIRCLES

EXERCISE 1E

1

Zone	Radius (cm)	Diameter (cm)
a	40	
b		72
c	32	
d	28	
e		48
f		40
g	16	
h		24
i	8	
j		4

Calculate the radii and diameters of the circular zones on the archery target.

2 **a** The target circle has *radius* 183 cm. What is its diameter?

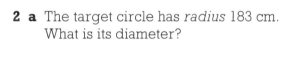

b The circular weights have *diameter* 64 cm. What is their radius?

c This shot-putt circle has a *radius* of 3½ feet. What is its diameter?

d The hammer is being swung round in a circle with *diameter* 1 metre. What is the radius of the circle?

3 *Measure* the diameters of these circles in millimetres. Then *calculate* their radii.

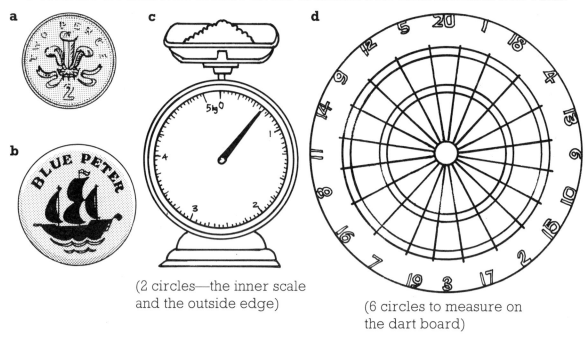

a

b

c

(2 circles—the inner scale
and the outside edge)

d

(6 circles to measure on
the dart board)

EXERCISE 2E

1 Georgina is measuring the Irish coins in her collection. She can measure the
diameters accurately, but she has difficulty with the circumferences—why?
She knows that the circumference of a coin should be about 3 times its diameter.
Say whether each circumference in the table is 'about right', 'too large' or 'too
small' (mm).

	a	b	c	d	e	f
Coin	1805 penny	1823 penny	1781 halfpenny	1804 six shillings	1737 farthing	1760 farthing
Diameter	33	34	29	42	24	22
Circumference	87	100	95	125	65	72

2 `3 x DIAMETER`   This sign gives an *estimate* of the circumference.

Measure the diameters of these coins in millimetres, then *estimate* their circumferences.

3

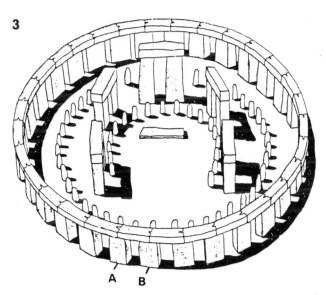

This is Stonehenge. The diameter of the large circle of stones is 100 feet.

a Estimate the distance right round the outside.

b Altogether there are 30 outside pillars with gaps between them. Estimate the distance from A to B.

EXERCISE 3E

Reminder   The diameter of a circle is approximately 'circumference ÷ 3'.

1

    a Each wheel of Jim's bicycle has a circumference of 2 metres. Copy and complete:

Number of turns	1	2	3	4	5	6	7
Distance travelled (m)							

    b Estimate the diameters of his wheels, correct to the nearest centimetre.

2 The circumference of the front wheel of this 'penny farthing' bicycle is 3 m. The circumference of the back wheel is 0.5 m.

    a Copy and complete, for the front wheel:

Number of turns	1	4	7	10	13
Distance travelled (m)					

    b Copy and complete, for the back wheel:

Number of turns	2	5	8	11	14
Distance travelled (m)					

    c Estimate the diameter of each wheel, correct to two decimal places if necessary.

3 The circumferences of four wheels are given. Estimate the diameter of each, correct to the nearest centimetre:
    a 60 cm   **b** 140 cm   **c** 1.2 m   **d** 1.7 m

4 Which of these are sensible statements about circles?
    a Diameter is 10 cm, so circumference is about 30 cm.
    b Diameter is 15 cm, so circumference is about 35 cm.
    c Circumference is 60 cm, so diameter is about 20 cm.
    d Circumference is 30 cm, so diameter is about 90 cm.
    e Circumference is 24 cm, so radius is about 4 cm.

EXERCISE 4E

1
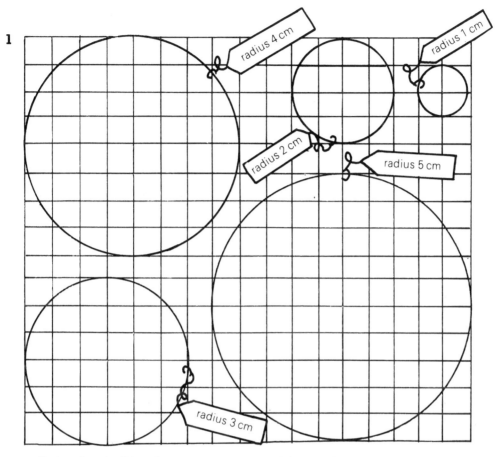

a Put a sheet of tracing paper on top of these circles. Mark a dot in each square
(or any part square that is more than half) inside the circles.
Count the dots to get an estimate of the area of each circle.

b Copy and complete this table. What do you find?

Radius (cm)	Estimate for area (cm²)	3 × radius × radius (cm²)

2 The picture shows a clock mechanism.
Calculate the area of each cog wheel, using
the formula: area = 3 × radius × radius

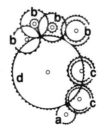

Cog wheel radius (mm): **a**   4
b   6
c   7
d 16

9 TYPES OF TRIANGLE

EXERCISE 1E

1 Write down the sizes of the 3 angles in each triangle and find their sum. (Take care. All the angles, apart from right angles, are acute.)

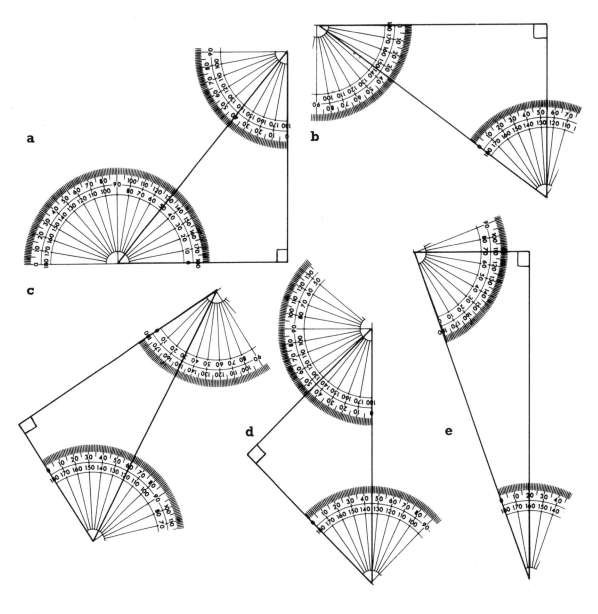

2 Use a protractor to measure the sizes of the angles in each triangle. Then find the sum of the angles in each triangle.

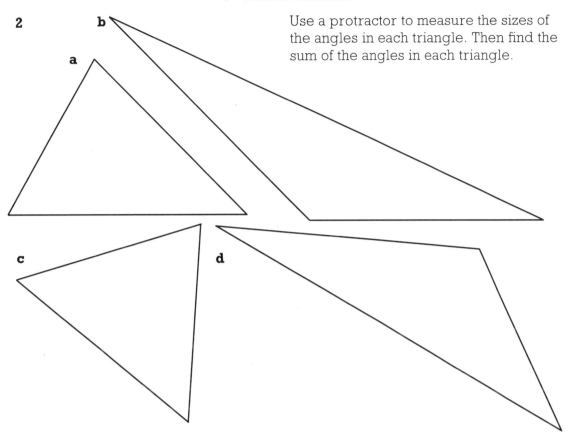

3 Calculate the third angle in each triangle in these pictures.

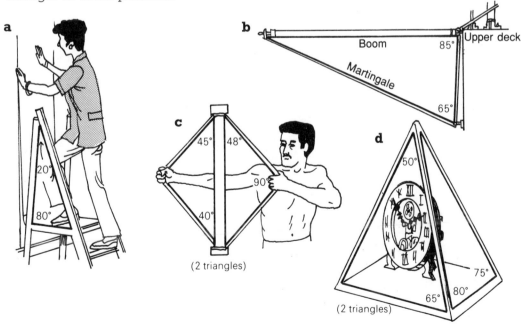

a 20° 80°

b Boom 85° Upper deck Martingale 65°

c 45° 48° 90° 40° (2 triangles)

d 50° 75° 65° 80° (2 triangles)

4 Mary asks her computer to make up sets of three angles that can be used as the angles of a triangle. She finds that they are not all correct. Which sets *are* correct?

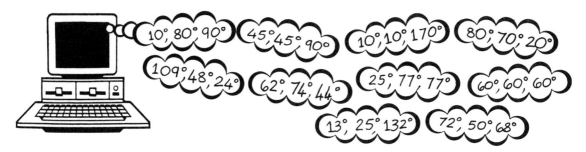

10°, 80° 90°   45°, 45° 90°   10°, 10°, 170°   80°, 70° 20°

109°, 48°, 24°   62°, 74° 44°   25°, 77° 77°   60°, 60° 60°

13°, 25° 132°   72°, 50° 68°

EXERCISE 2E

1 Ian's *Triangle Design Kit* has a squared board on which to create designs. He has paired the pieces.

There are 7 different triangles.
Find the area of each one, in squares.

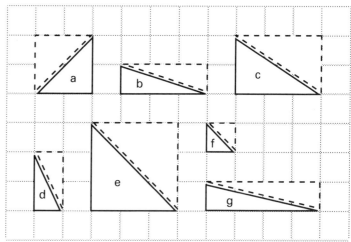

2

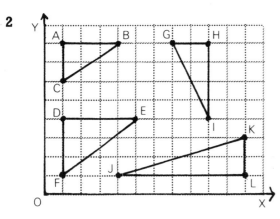

Peter has been plotting points and making triangles. Calculate the area of each triangle, in squares.

3 Nadeen has been plotting points and making triangles. Find the area of each of her triangles, in squares.

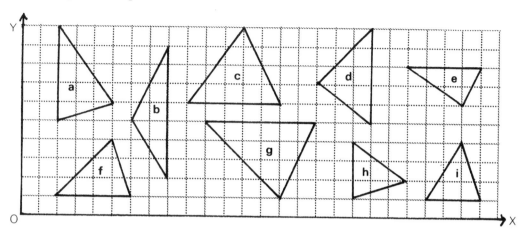

EXERCISE 3E

1 Ian has paired some right-angled triangles to make isosceles triangles.
  (i) Draw a sketch of each diagram.
  (ii) Fill in the missing angles in the right-angled triangles.
  (iii) Calculate the sum of the angles in each isosceles triangle.
  (iv) Measure the lengths of the sides of each isosceles triangle.

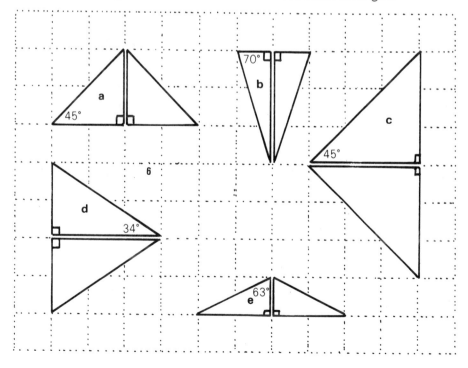

2 Sketch the isosceles triangles in these pictures, and fill in as many angles and lengths as you can.

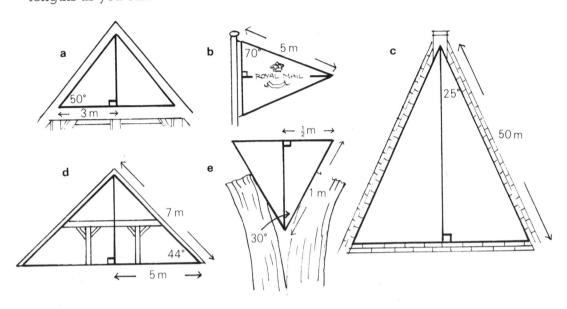

3 Sketch each isosceles triangle, and fill in as many lengths and angles as you can.

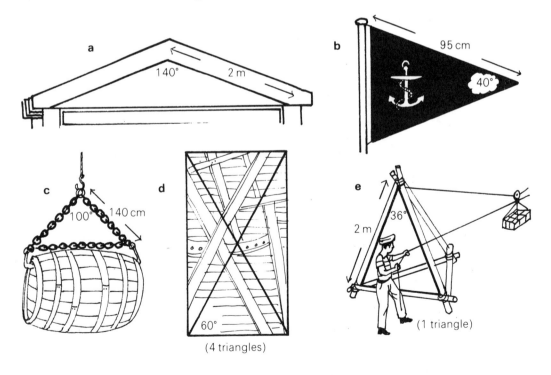

(4 triangles)

(1 triangle)

EXERCISE 4E

1 Sketch the equilateral triangles in these diagrams. Fill in the sizes of all the angles and the lengths of all the sides of your triangles.

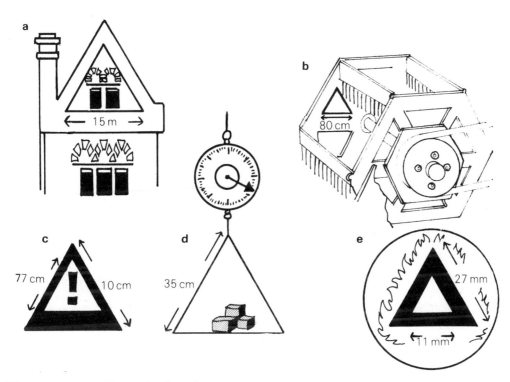

2 How many equilateral triangles are there in each of these diagrams?

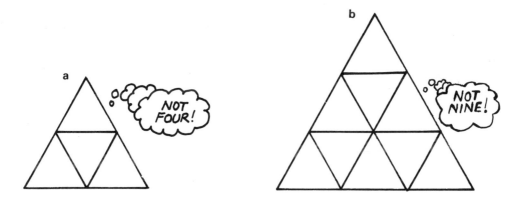

3 Trace figure **b** in question **2**, and extend it to make the next figure in the sequence.

EXERCISE 5E

1 Write down the missing number or word:
   a A triangle has ... sides and ... angles.
   b The sum of the angles of any triangle is ...° or two ... angles.
   c An isosceles triangle has two equal ... and ... equal....
   d An isosceles triangle has :... line of symmetry.
   e An equilateral triangle has three equal ... and ... equal.... It has ... lines of symmetry. The size of each angle is ...°.

2

Choose one sentence from A, B, C *and* one from D, E, F to describe the triangles hidden in pictures **a–f** (one in each picture).

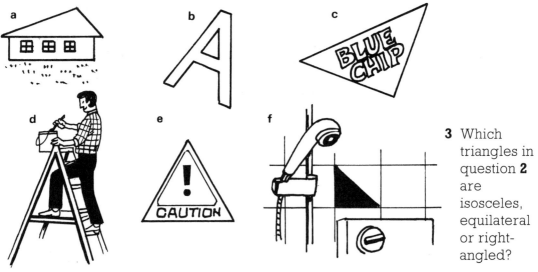

3 Which triangles in question **2** are isosceles, equilateral or right-angled?

4 Calculate the unknown angles in each triangle.

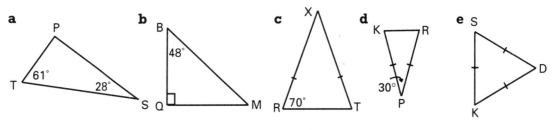

EXERCISE 6E

Construct these triangles. Measure the third side in each triangle, to 1 decimal place.

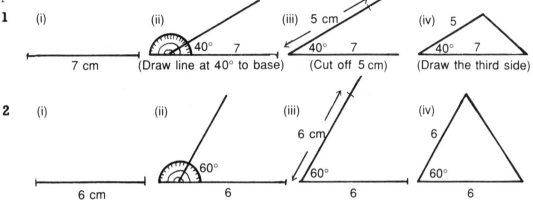

1   (i) 7 cm   (ii) 40° 7 (Draw line at 40° to base)   (iii) 5 cm 40° 7 (Cut off 5 cm)   (iv) 5 40° 7 (Draw the third side)

2   (i) 6 cm   (ii) 60° 6   (iii) 6 cm 60° 6   (iv) 6 60° 6

Construct these triangles. Measure, then calculate, the third angle in each triangle, to the nearest degree.

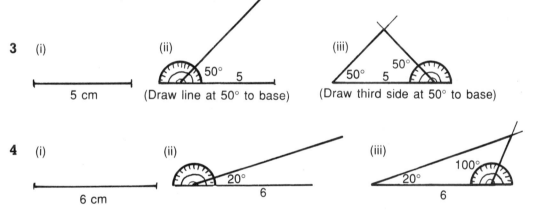

3   (i) 5 cm   (ii) 50° 5 (Draw line at 50° to base)   (iii) 50° 5 50° (Draw third side at 50° to base)

4   (i) 6 cm   (ii) 20° 6   (iii) 20° 6 100°

Construct these triangles. Measure the angles in each triangle, to the nearest degree.

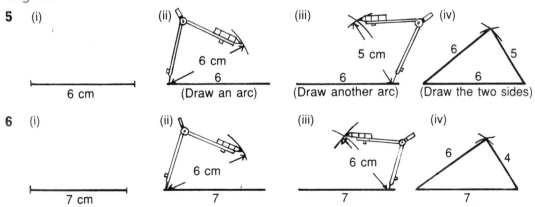

5   (i) 6 cm   (ii) 6 cm 6 (Draw an arc)   (iii) 5 cm 6 (Draw another arc)   (iv) 6 6 5 (Draw the two sides)

6   (i) 7 cm   (ii) 6 cm 7   (iii) 6 cm 7   (iv) 6 7 4

10 METRIC MEASURE

LENGTH

Picture these lengths!

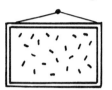

Millimetres
(mm)
(actual length)

Centimetres
(cm)
(actual length)

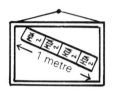

Metre (m)
4 books end to end

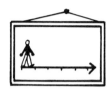

Kilometre (km)
1500 paces
(over $\frac{1}{2}$ mile)

EXERCISE 1E

1 Which units would you use to
measure these lengths—
mm, cm, m or km?
a The thickness of your pen or pencil.
b The length of one of your fingers.
c Your distance from the classroom door.
d The distance between two towns.
e The height of a coffee mug.
f The length of an ant.
g The distance to Dundee.
h The length of a swimming pool.

... THE ROAD AND THE MILES TO DUNDEE.

2 Choose the correct measure in each sentence.
a Julia says the length of her pencil is:
(i) 8 mm (ii) 8 cm (iii) 8 m (iv) 8 km.
b The thickness of Book 2 is: (i) 15 mm (ii) 15 cm (iii) 15 m (iv) 15 km.
c The distance round the park is: (i) 3 mm (ii) 3 cm (iii) 3 m (iv) 3 km.
d The height of the classroom is: (i) 4 mm (ii) 4 cm (iii) 4 m (iv) 4 km.
e The length of the TV screen's diagonal is:
(i) 51 mm (ii) 51 cm (iii) 51m (iv) 51 km.
f The thickness of a 2p coin is: (i) 2 mm (ii) 2 cm (iii) 2 m (iv) 2 km.
g John says his height is: (i) 150 mm (ii) 150 cm (iii) 150 m (iv) 150 km.

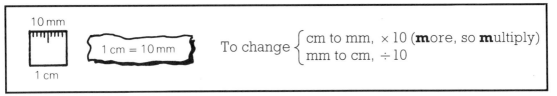

To change $\begin{cases} \text{cm to mm, } \times 10 \text{ (more, so multiply)} \\ \text{mm to cm, } \div 10 \end{cases}$

3   Draw a line 10 cm long, and mark it off in centimetres, from 0 to 10. Draw
arrows at: **a** 5 cm   **b** 9 cm   **c** 5 mm   **d** 33 mm   **e** 7.2 cm

4   Copy and complete:
   a 3 cm = 3 × 10 mm = . . . mm   **b** 12 cm = 12 × 10 mm = . . . mm

5   Change to millimetres:
   a 1 cm   **b** 2 cm   **c** 5 cm   **d** 10 cm   **e** 15 cm

6   Copy and complete:
   a 40 mm = 40 ÷ 10 cm = . . . cm   **b** 60 mm = 60 ÷ 10 cm = . . .

7   Change to centimetres:
   a 50 mm   **b** 90 mm   **c** 70 mm   **d** 10 mm   **e** 100 mm

8    'You'll need an 8 cm length of wood' Vicky was told. But the
piece she cut off was only 74 mm. How many millimetres short
was this?

9   The catalogue gives window sizes in millimetres.
Calculate the width and height of this window
in centimetres.

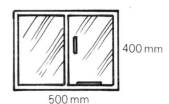

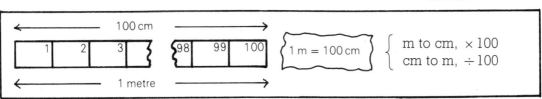

$\begin{cases} \text{m to cm, } \times 100 \\ \text{cm to m, } \div 100 \end{cases}$

10   Copy and complete:
   a 4 m = 4 × 100 cm = . . . cm   **b** 13 m = 13 × 100 cm = . . . cm

11   Change to centimetres:
   a 1 m   **b** 3 m   **c** 5 m   **d** 10 m   **e** 12 m

12   Copy and complete:
   a 1400 cm = 1400 ÷ 100 m = . . . m   **b** 2400 cm = 2400 ÷ 100 m = . . . m

13 Change to metres:
   a 100 cm   **b** 600 cm   **c** 900 cm   **d** 1200 cm   **e** 2000 cm

14 Vicky's curtains need to be 275 cm long, but she can only buy them in 3 m lengths. How many centimetres too long will her curtains be?

15 Calculate:
   a the length and breadth of the hut, in centimetres
   b the width and height of the door, in millimetres.

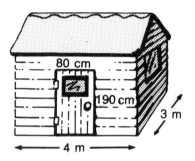

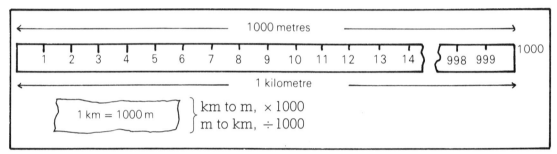

1000 metres

1 kilometre

1 km = 1000 m

km to m, × 1000
m to km, ÷ 1000

16 Copy and complete:
   a 4 km = 4 × 1000 m = . . . m   **b** 12 km = 12 × 1000 m = . . . m

17 Change to metres:
   a 1 km   **b** 7 km   **c** 3 km   **d** 9 km   **e** 11 km

18 Copy and complete:
   a 6000 m = 6000 ÷ 1000 km = . . . km   **b** 10 000 m = 10 000 ÷ 1000 km = . . . km

19 Change to kilometres:
   a 2000 m   **b** 4000 m   **c** 9000 m   **d** 12 000 m   **e** 20 000 m

20 Calculate:
   a the distance from Ashley to Briarton to Castle and back to Ashley, in kilometres
   b the distance in metres between each village
   c the total distance, right round, in metres.

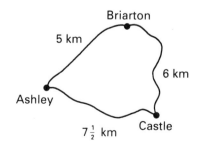

AREA

Picture these areas!

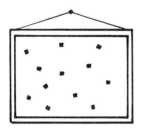

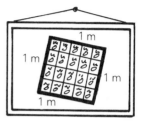

Square millimetres (mm²)   Square centimetres (cm²)   Square metre (m²)
(actual area)   (actual area)   20 books,
                                                                                                4 rows of 5

EXERCISE 2E

---

1 Which units would you use to measure these areas: mm², cm² or m²?
   a The top of a pinhead.
   b The wall of the
       classroom.
   c A page of your book.
   d A 20p coin.
   e The playground.

2 Choose the correct measure in each sentence.
   a The area of the floor is: (i) 20 mm²   (ii) 20 cm²   (iii) 20 m².
   b The area of a button is: (i) 3 mm²   (ii) 3 cm²   (iii) 3 m².
   c The area of a desk is: (i) 1200 mm²   (ii) 1200 cm²   (iii) 1200 m².
   d The area of a TV screen is: (i) 900 mm²   (ii) 900 cm²   (iii) 900 m².
   e The area of a fingernail is: (i) 135 mm²   (ii) 135 cm²   (iii) 135 m².

3 Find the areas of these shapes by counting the number of squares in each one.

a   b 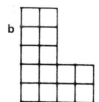   c 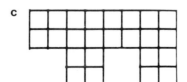   d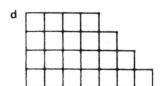

4 Find the areas of these shapes. In **c** and **d** count squares that are $\frac{1}{2}$ squares or more.

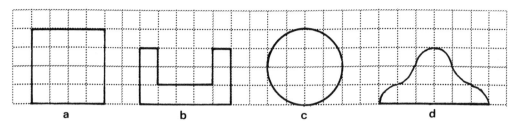

     a   **b**   **c**   **d**

5 a Here's Sid, the square centimetre man. Each of his squares has an area of 1 cm². What is his total area?
   b Draw your own character on squared paper. Write down its area, in squares.

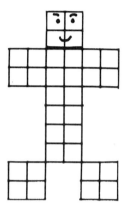

Reminder
The area of rectangle ABCD
= 15 squares, by counting,
= 5 × 3 squares

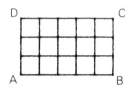

The area of a rectangle = length × breadth

6 Copy and complete these calculations.

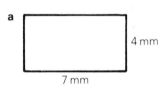

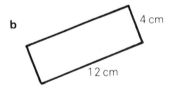

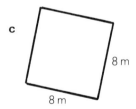

a   **b**   **c**

Area = 7 × 4 mm²
    = ... mm²

Area = 12 × 4 cm²
    = ... cm²

Area = 8 × 8 m²
    = ...m²

7 Calculate the areas of these rectangles, in mm², cm² or m².

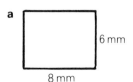

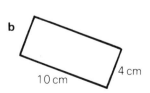

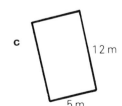

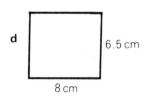

8 Find the areas of these objects.

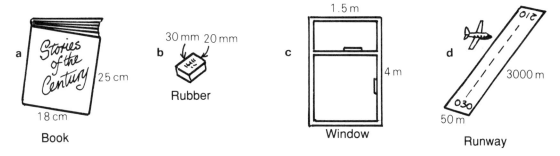

9 Carol Ann has to buy carpets for her new flat. She measures the floors: living room 6 m by 4 m, bedroom 4 m by $3\frac{1}{2}$ m, kitchen 5 m by 3 m, bathroom 3 m by $2\frac{1}{2}$ m, hall 5 m by 2 m. Calculate:
  a the floor area of each room
  b the total area of carpet she needs
  c the cost of the carpet at £21.50 per square metre.

VOLUME

Picture these volumes!

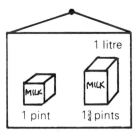

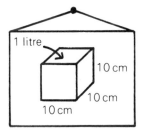

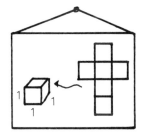

1 litre (about $1\frac{3}{4}$ pints)   1 litre = 1000 millilitres (ml)   A net of 1 cm squares
                                                = 1000 cm³   makes a cube of volume
                                                                      1 cm³ = 1 ml.

EXERCISE 3E

1 Choose the correct measure in each sentence.
  a A jug can hold: (i) 1 ml   (ii) 1 litre of milk.
  b A bottle of pineapple juice contains: (i) $\frac{1}{2}$ ml   (ii) $\frac{1}{2}$ litre of juice.
  c A medicine spoon holds: (i) 5 ml   (ii) 5 litres of medicine.
  d Jessica fills her car's tank with: (i) 30 ml   (ii) 30 litres of petrol.

2   Match the pictures with the volumes at the side.

a Cup

b Watering can

c Thimble

d Juice   **e** Petrol tank

(i)   1 litre
(ii) 6 ml
(iii) 50 litres
(iv) 250 ml
(v)   4 litres.

3   Write down the number of millilitres of water in each jar.

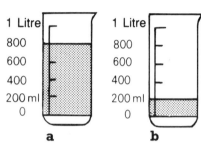 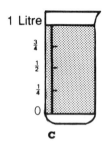 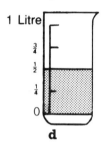 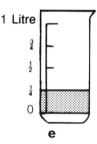

a   b   c   d   e

4   Copy and complete:
   a 1 litre = ... ml   **b** 5 litres = 5 × ... ml = ... ml
   c 8 litres = ... ml   **d** 12 litres = ... ml

5   Copy and complete:
   a 1000 ml = ... litre   **b** 3000 ml = 3000 ÷ 1000 litres = ... litres
   c 7000 ml = ... litres   **d** 10 000 ml = ... litres

Reminder
The volume of the cuboid
= 6 cubes
= $3 \times 2 \times 1$ cm^3

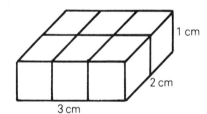

The volume of a cuboid = length × breadth × height

6   Calculate the volumes of these cuboids. Each small cube is 1 cm long.

a 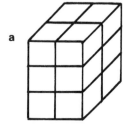   b 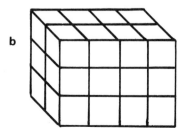   c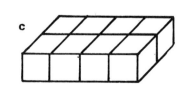

7   Calculate the volumes of these objects, in cm³ or m³.

a
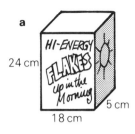
24 cm
18 cm
5 cm

b
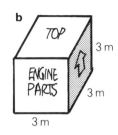
3 m
3 m
3 m

c
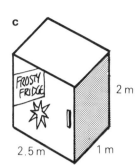
2 m
2.5 m
1 m

d
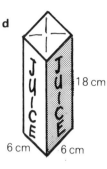
18 cm
6 cm
6 cm

8   A bottle of orange juice measures 7 cm by 7 cm by 20 cm. Can it hold a litre? Explain your answer.

9   A milk carton measures 9.5 cm by 6 cm by 19 cm. If 1 litre of milk is left in the carton, how much space is there?

10 Calculate:
   a the volume of: (i) a domino
                           (ii) the box
   b the number of dominoes that can
      go in: (i) the bottom layer of the box
               (ii) the whole box.

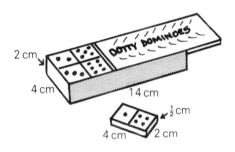
2 cm
4 cm
14 cm
½ cm
4 cm   2 cm

WEIGHT

Picture these weights!

A feather

A letter

Potatoes Carrots

A large van

Weigh in milligrams (mg) $\underset{\div 1000}{\overset{\times 1000}{\rightleftarrows}}$ grams (g) $\underset{\div 1000}{\overset{\times 1000}{\rightleftarrows}}$ kilograms (kg) $\underset{\div 1000}{\overset{\times 1000}{\rightleftarrows}}$ tonnes

EXERCISE 4E

1 Choose the correct measure in each sentence.
   a *Maths in Action Book 2* weighs: (i) $\frac{2}{3}$ mg   (ii) $\frac{2}{3}$ g   (iii) $\frac{2}{3}$ kg   (iv) $\frac{2}{3}$ tonne.
   b Julia's pencil weighs: (i) 25 mg   (ii) 25 g   (iii) 25 kg   (iv) 25 tonnes.
   c A rhinoceros weighs: (i) 1 mg   (ii) 1 g   (iii) 1 kg   (iv) 1 tonne.
   d The air in a balloon weighs: (i) 0.1 mg   (ii) 0.1 g   (iii) 0.1 kg   (iv) 0.1 tonne.

2 Copy and complete:
  a (i) $3\,g = 3 \times 1000\,mg = \ldots mg$ (ii) $5\,g = 5 \times \ldots mg = \ldots mg$ (iii) $12\,g = \ldots mg$
  b (i) $2000\,mg = 2000 \div 1000\,g = \ldots g$ (ii) $7000\,mg = 7000 \div \ldots g = \ldots g$
      (iii) $9000\,mg = \ldots g$

3 Copy and complete:
  a (i) $5\,kg = 5 \times 1000\,g = \ldots g$ (ii) $9\,kg = 9 \times \ldots g = \ldots g$ (iii) $15\,kg = \ldots g$
  b (i) $3000\,g = 3000 \div 1000\,kg = \ldots kg$ (ii) $6000\,g = 6000 \div \ldots kg = \ldots kg$
      (iii) $1000\,g = \ldots kg$

4 The table shows some letter postage rates. What is the cost of sending a letter weighing:
  a 45 g, 1st class   **b** 110 g, 2nd class
  c 200 g, 1st class   **d** 239 g, 2nd class?

Weight not over	1st class	2nd class
60 g	24p	18p
100 g	36p	28p
150 g	45p	34p
200 g	54p	41p
250 g	64p	49p

5  The 1 kg bag of flour is leaking. When Jason gets it home it weighs 477 g. How many grams of flour have been lost?

6 A book weighs about 340 g. Calculate the weight of a class set of 25 copies:
  a in grams   **b** in kilograms.

7 Mr Malone's shopping bag holds coffee (100 g), soup (350 g), cereal (750 g), flour (500 g) and sugar (1 kg). What does his total shopping weigh:
  a in grams   **b** in kilograms?

EXERCISE 1E

1 Solve these equations:

   a $2x = x + 5$ **b** $3x = x + 6$ **c** $4x = x + 3$ **d** $6x = 3x + 12$

   e $5x = x + 8$ **f** $7x = 2x + 10$ **g** $2x - 1 = x$ **h** $5x - 8 = x$

   i $3x - 2 = x$ **j** $4x - 9 = x$ **k** $6x - 8 = 2x$ **l** $9x - 12 = 5x$

   m $3x = x + 8$ **n** $10x - 12 = 8x$ **o** $8x - 9 = 5x$ **p** $10x = 7x + 15$

2 The labels tell you how many £1 coins are inside the bags.

In each question write down an equation, and solve it to find the number of £1 coins in the bag.

a   **b**    **c**

d    **e**    **f**

g    **h**    **i**

j    **k**   **l**

3 Make an equation for each pair of equal straws. Solve it, and find the length of the straws (in cm).

a 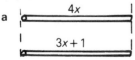   **b** 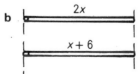   **c**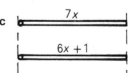

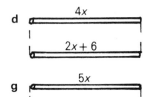

d

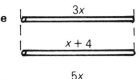

e

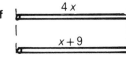

f

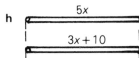

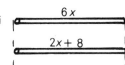

g   h   i

4 Eric is making breadboards. From a
plank of wood he can cut 5 boards
exactly, or 3 boards with 60 cm over.

a Make an equation.

b Solve it to find the length of one
breadboard, in cm.

c Calculate the length of the plank of
wood.

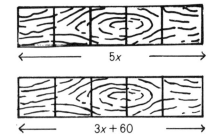

EXERCISE 2E

1 Solve these equations by first removing the brackets:

a $2(x+1) = 4$	**b** $3(x-1) = 3$	**c** $4(x+2) = 8$	**d** $3(x+3) = 12$
e $2(x-3) = 4$	**f** $2(x+3) = 8$	**g** $5(x-1) = 10$	**h** $7(x-2) = 21$
i $6(x+4) = 30$	**j** $2(x+7) = 16$	**k** $3(x-2) = 15$	**l** $4(x-5) = 8$
m $9(x-1) = 9$	**n** $10(x+3) = 70$	**o** $5(x-3) = 10$	**p** $6(x+1) = 42$

2

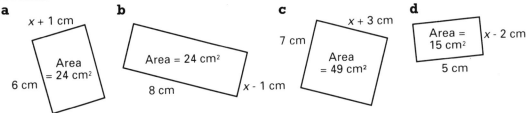

$$length \times breadth = area$$
$$7 \times (x+2) = 28$$
$$7(x+2) = 28$$
$$7x+14 = 28$$
$$7x = 14$$
$$x = 2$$

So breadth is $x+2 = 2+2 = 4$ cm

For each rectangle make an equation, solve it and find the missing length or
breadth.

a

$x+1$ cm

Area = 24 cm²

6 cm

b

Area = 24 cm²

8 cm $x-1$ cm

c

$x+3$ cm

7 cm

Area = 49 cm²

d

Area = 15 cm² $x-2$ cm

5 cm

EXERCISE 3E

1

Rewrite these, using either > or < :
a 1 is less than 5   **b** 2 is greater than 1   **c** 8 is less than 9
d 0 is less than 1   **e** 0 is greater than -1 **f** -1 is greater than -2
g 4 is greater than -5 **h** -5 is less than -4 **i** -2 is less than 0

2 Put > or < between each pair (in the order given):
   a 4 and 5   **b** 3 and 6   **c** 8 and 3   **d** 2 and 1
   e 0 and 1   **f** 4 and 2   **g** 3 and -1 **h** 2 and -2
   i -1 and 3   **j** -1 and 0   **k** -2 and -1 **l** -1 and -2

3 *Example:* $7 > 4$ and $4 < 7$.

Write two statements using >, then <, for each pair:

  a   **b**   **c**   **d** (image of 1 2)

  e   **f**   **g**   **h**

  i (image of -4 -2)   **j** (image of -5 -3)   **k** (image of 2 -3)   **l** (image of 1 -3)

4 Which are true, and which are false?
   a $0 < -2$ **b** $-2 > 0$ **c** $-2 < 0$ **d** $0 > -2$
   e $1 < -2$ **f** $2 < -1$ **g** $-1 < -2$ **h** $-2 < -1$
   i $2 < 0$ **j** $0 > 2$ **k** $2 > 0$ **l** $-3 > -4$

5

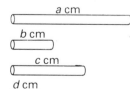

Copy and complete. Use > or < in each answer.
   a $a \ldots b$ **b** $c \ldots a$ **c** $b \ldots c$ **d** $b \ldots d$
   e $c \ldots b$ **f** $b \ldots a$ **g** $c \ldots d$ **h** $a \ldots c$
   i $d \ldots b$ **j** $a \ldots d$ **k** $d \ldots a$ **l** $d \ldots c$

12 RATIO AND PROPORTION

EXERCISE 1E

1

Jan is 2 years old.   Kim is 5.   Lena is 9.

Write down the values of these ratios:
a Jan's age to Kim's age   **b** Kim's age to Lena's age   **c** Jan's age to Lena's age.

2 Mr Gold is a jeweller. He is going to join these short chains to make a bracelet.

A    B    C

a How many links are in each chain?
b Write down the values of these ratios. Number of:
   (i) links in A: links in B   (ii) links in B: links in C
   (iii) links in A: links in C   (iv) links in A: links in the complete bracelet.

3 a Write down the ratio of the height to width of each parcel.

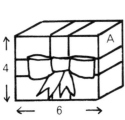 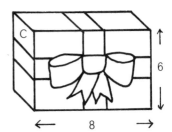

b Calculate, in their simplest form:
   (i) width of A: width of B   (ii) height of A: height of B
   (iii) width of A: width of C   (iv) height of A: height of C.

4 'Length of table: breadth of table = 2:1' means 'the length of the table is two times its breadth'.
Write these in the same way:
a length of couch: breadth of couch = 3:1
b height of window: width of window = 4:1
c value of £1 coin: value of 5p coin = 20:1.

EXERCISE 2E

1 Gregory is making salad dressing. He mixes 3 parts of
   vinegar with 1 part of olive oil.
   a What is the total number of parts?
   b What fraction of the mixture is: (i) vinegar   (ii) oil?
   c How much of each is needed to make 40 ml of salad
   dressing?

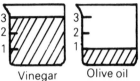

Vinegar   Olive oil

2 Janet and Bernard share a paper round. Janet works 3 hours each week, and
   Bernard 4 hours.
   a How many hours does the whole paper round take?
   b What fraction of the round does each do?
   c The pay for the round is £14. How much should each receive?

3 The recipe for toffee uses 5 parts of sugar and 3 parts of butter.
   a How many parts altogether?
   b What fraction of the toffee is: (i) sugar   (ii) butter?
   c How much of each is needed for 80 g of toffee?

4 Carl's repair bill for his car came to £60. 2 parts of the cost was for materials,
   and 3 parts for labour.
   a What fraction of the bill was for: (i) materials   (ii) labour?
   b What was the cost of: (i) materials   (ii) labour?

5 How would you share out this bar of chocolate in the ratio 2:1?

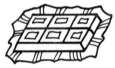

6  The grocer makes up bags of 'Two Fruits'. He mixes apples
   and oranges in the ratio 3:1.
   a How many apples are in the bag if there are 2 oranges?
   b How many oranges are there if there are 9 apples?
   c How many of each fruit are there if there are 20 fruit?

EXERCISE 3E

1 On squared paper draw diagrams which increase the lengths of the sides of
   these shapes in the ratio 2:1.

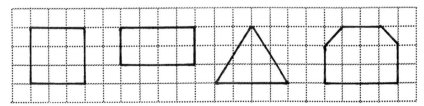

2 a On this map measure the distance in cm in a straight line between:

    (i) Galashiels and Melrose

    (ii) Melrose and St Boswells

    (iii) Selkirk and St Boswells

    (iv) Selkirk and Galashiels.

b The scale of the map is 1 cm:2 km. Calculate the distances in **a** in kilometres.

3 To see the details, this postage stamp has been enlarged to twice its usual size.

  a What is the ratio usual size:picture size?

  b (i) Measure the width and height of the rectangle surrounding the Queen's head.

      (ii) Calculate their usual lengths on the stamp.

4 a Measure the following lengths (in cm) on this model:

    (i) the height of the door

    (ii) the length of the skid under the helicopter

    (iii) the length of the RESCUE sign

    (iv) the height of the windscreen

    (v) the length of one rotor blade above the helicopter.

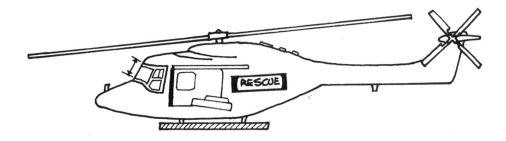

b The scale of the model is 1:100. Calculate each length mentioned in part **a** for the actual helicopter.

EXERCISE 4E

1 a Melanie cycles 10 kilometres every hour. Copy and complete the table.

Time (hours)	1	2	3	4	5	6
Distance (km)	10	20				

b What happens to the distance she goes if she doubles the time she travels?

2 a The cost of the stamps is directly proportional to the number of stamps. Copy and complete the table.

Number of stamps	1	2	3	4	5	6
Cost (p) 1st Class	25	50				
Cost (p) 2nd Class	20					

b What happens to the cost when the number of stamps is:
(i) doubled   (ii) halved?

In questions **3–7** the items in each pair are in direct proportion.

3 Michelle walks 5 km in 1 hour. How far will she walk in:
  a 2 hours   **b** 3 hours   **c** 4 hours?

4 Iain drives 100 km in 2 hours. How far will he drive in:
  a 1 hour   **b** 3 hours   **c** 5 hours?

5 Paul can type 200 words in 2 minutes. How many can he type in:
  a 1 minute   **b** 10 minutes   **c** 1 hour?

6 Raju's car travels 30 miles on each gallon of petrol. How far will it travel on:
  a 2 gallons   **b** 4 gallons   **c** 8 gallons?

7 An electric fire uses 4 units of electricity in 2 hours. How many units does it use
  in: **a** 1 hour   **b** 6 hours   **c** 12 hours?

8 Shop prices are not always proportional to the number of items bought.
  Which of the following *are* in direct proportion?
  a 1 tape for £5, or 2 for £10.
  b 10 g bar of chocolate for 50p, or 20 g bar for £1.
  c 1 litre of cola for £1, or $1\frac{1}{2}$ litres for £1.40.
  d 7 chews for 14p, or 14 for 27p.

EXERCISE 5E

1 Linda is a fitness fiend. She counts her heartbeats each minute. Use her graph to copy and complete this table.

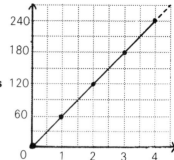

Number of heartbeats

Time (minutes)

No. of minutes	1	2	3	4	5	6
No. of heartbeats		120				

2 **a** Copy and complete this table of heartbeats.

No. of minutes	1	2	3	4
No. of heartbeats	80	160		

b Draw axes on squared paper, as in question **1**, but put 80, 160, ..., instead of 60, 120, ...

c Plot the points from the table, and draw a line through them and the origin.

3 **a** Copy and complete this table for a car which uses 1 gallon of petrol for 40 miles.

No. of gallons	1	2	3	4	5
No. of miles	40	80			

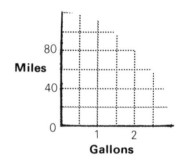

Miles

Gallons

b Using the axes and scales shown, plot the points on squared paper, and draw a line through them.

c How far can the car travel on:
(i) $\frac{1}{2}$ gallon (ii) $3\frac{1}{2}$ gallons?

4 Eve is going to America for her holidays. She can get \$1.50 for each £1.

No. of £s	0	20	40	60	80
No. of \$s	0	30	60		

a Copy and complete the table.

b Using scales of 1 square for £5 on the horizontal axis, and 1 square for \$15 on the vertical axis, plot the points and draw a straight line through them.

c Use your graph to find how many dollars Eve will get for: (i) £10 (ii) £50 (iii) £70.

EXERCISE 6E

1 Ali is going to share his bar of chocolate.
   a Copy and complete the table.

Number sharing	1	2	3	6
Number of pieces	6			
No. sharing × No. of pieces				

b As the number of shares is doubled, the number if pieces is . . . . . . What is the missing word?

2

Length (cm)	1	2	4	8	10	20	40
Breadth (cm)	40						
Area (cm²)							

2 The area of a rectangle is 40 cm².
   a Copy and complete the table.
   b As the length is doubled, the breadth is . . . . . What is the missing word?

3 June has 30p to spend on sweets.
   a Copy and complete the table.
   b As the cost is doubled, the number of sweets June can buy is . . . . . . What is the missing word?

Cost of sweet (p)	1	2	3	5	6	10
No. she can buy	30					
Cost × number						

4 Christopher has enough money to buy 20 cartons of juice at 60p each. How many could he buy at: **a** 30p each   **b** 15p each?

5 6 pupils can address a batch of envelopes in 4 hours. How long would the same job take: **a** 3 pupils   **b** 12 pupils?

6 The school kitchen has enough ice cream to give 100 pupils portions of 50 g each. What size could the portions be for: **a** 200 pupils   **b** 50 pupils?

7 If Nicola revises all 6 of her subjects, she can spend 6 hours on each. How long could she spend equally on each of:
   a 3 subjects   **b** 2 subjects   **c** 4 subjects?

8 Terry can record 6 programmes of 60 minutes each on his video recorder. How many programmes can he record of length: **a** 30 minutes   **b** 3 hours?

EXERCISE 7E

> *Reminders*
> The **ratio** of 2 to 3, $2:3 = \frac{2}{3}$.
> For **direct proportion**, if one quantity is *doubled*, the other is *doubled*.
> For **inverse proportion**, if one quantity is *doubled*, the other is *halved*.

1 Each pile contains 12 coins. Calculate
the ratio, in simplest form, of:
   a the height of 1p pile: height of 10p pile
   b the width of 1p pile: width of 10p pile
   c the value of 1p pile: value of 10p pile.

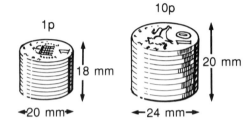

2 **a** Copy and complete these tables:

(i) A litre of petrol costs 40p

Number of litres	1	2	3	4
Cost (p)	40			

(ii) 50p pence has to be shared out

Number of shares	1	2	5	10
Value of 1 share (p)	50	25		

b (i) As the number of litres is doubled, the cost is . . . .
   (ii) As the number of shares is doubled, the number of pence for each person
        is . . . What are the missing words?
   c Which is an example of direct proportion, and which is inverse proportion?

3 Jenny had a cup of tea and a cake, and paid £2.20. 10 parts were to pay for the
tea and the cake, 1 part was for a tip.
   a How many parts altogether?
   b How much did the tea and cake cost?
   c How much was the tip?

4 At a speed of 20 km/h, Lucy can reach her office in 30 minutes. How long would
she take if she travelled at:
   a 40 km/h   **b** 10 km/h?

5 2 litres of paint covers 16 m² of wall. How much paint is needed for:
   a 8 m²   **b** 4 m²   **c** 32 m² of wall?

13 MAKING SENSE OF STATISTICS 2

EXERCISE 1E

1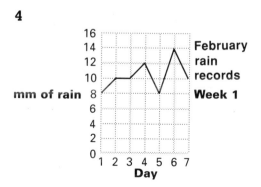
Memory Jogger

Find the mean, median and mode of each of these lists.
a 1, 2, 2, 3, 4, 5, 6
b 7, 9, 9, 9, 11, 11, 17, 26
c 1, 1, 1, 2, 2, 3, 3, 3, 3, 3, 3, 4, 4, 4, 5, 5, 6, 6, 6, 7, 7, 8

2 Jenny recorded family sizes in her class. 'How many children are in your family?' she asked. Here is her table of replies:

Number of children in the family	1	2	3	4	5
Tally	I	III	⦀	II	I
Frequency (number of replies)	1	3	5		

a Copy and complete the table.
b State the modal size of a family.
c By making out the list like 1, 2, 2, 2, 3, 3, ... find the median size.
d Calculate the mean number of children per family.

3 The landlady in a boarding house asked her customers: 'How long do you like your eggs boiled in the morning?' The table shows the replies.

a Copy and complete the table.
b Calculate the mode, median and mean time.

Minutes	2	3	4	5	6
Tally	III	⦀ III	⦀	III	I
Number of replies					

c Which average would the landlady probably aim for if she could only make one batch of eggs?

4

```
16
14                    February
12        /\          rain
10   /\  /  \         records
mm of rain 8 /  \/    \
 6                    Week 1
 4
 2
 0
   1 2 3 4 5 6 7
        Day
```

The class kept records of rainfall. The graph shows the readings for the first week in February.
a Make a table of the results with headings: 'Day', and 'mm of rain'.
b Use the table to calculate the mean daily rainfall.
c What was the most common amount of rain to fall in a day?
d What is the range of the rainfall?

EXERCISE 2E

1 Katie checks how much recording
time is left on each of her video tapes.
The **frequency diagram** shows her
findings.

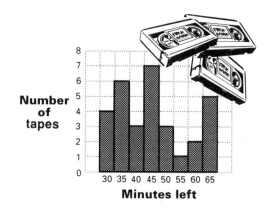

a Use the diagram to help you copy
and complete this table:

Minutes left	30	35	40	45	50	55	60	65
No. of tapes								

b What is the modal amount of tape left?
c What is the least common amount of time left?
d How many tapes has she?

2 The milkman has 20 customers in Balmoral Avenue. The table shows the pattern
of milk orders for these customers.

a Draw a frequency diagram to
represent the table.
b On the same diagram draw a
frequency polygon.

No. of pints	1	2	3	4	5	6
No. of customers	2	4	6	3	4	1

c Most customers ordered other items as well: eggs, juice, cream, yoghurt.
The table sums these up.

Draw a frequency polygon of the
extra orders.

No. of other items	0	1	2	3	4
No. of customers	3	8	5	3	1

3

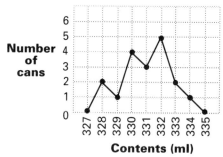

Contents (ml)

'Bubbles' the fresh, fizzy,
drink is sold in cans which
are supposed to hold
330 ml of juice.
Several cans were
sampled to check this.
The frequency polygon
shows the findings of the
survey.

a How many cans were examined?
b What range of volumes were found?
c What was the modal volume?

EXERCISE 3E

1 James measured the width of 20 books on his shelf (in centimetres).

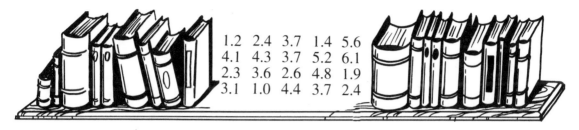

1.2	2.4	3.7	1.4	5.6
4.1	4.3	3.7	5.2	6.1
2.3	3.6	2.6	4.8	1.9
3.1	1.0	4.4	3.7	2.4

a Arrange the data in classes of 1–1.9, 2–2.9, and so on, to complete this table.

b In which class is the modal thickness of a book on the shelf?

c What is the range of thicknesses?

d Draw a frequency diagram.

Score	1–1.9	2–2.9	3–3.9			
Tally						
Frequency						

2 The history exam for Class 2C is over. The marks, unsorted, are:
97 84 75 66 50 48 42 87 43 74 52 55 61 98 32 51 63 53 72 36 52 58 51 60.
Their teacher, Mrs Manson, gave grades A–D based on the marks in the table.

100–80	A
79–60	B
59–40	C
39–20	D

a Draw a table up to find out the number of pupils in each grade.

b What is the modal grade?

c State the range of marks.

d Bryan scored 61. Compare his mark to the mean mark.

3 Shopping around for a new exhaust for his car at 20 different locations, garages and exhaust centres in the city, Alan Smith found the following list of prices:

Price (in £s) of exhaust system			
37.90	38.50	45.00	52.98
34.20	55.45	59.40	42.50
47.25	48.50	32.90	49.00
42.50	31.00	46.90	44.00
38.60	39.10	42.50	45.99

a Arrange the figures in a table, using six suitable class intervals.

b Make a frequency diagram of the data and then draw a frequency polygon.

c State the modal class.

d Compare the price of £44.00 at 'The Silence Centre' with the mean price found in the city.

EXERCISE 4E

1 Examine each of these scatter diagrams, and describe the possible relations.

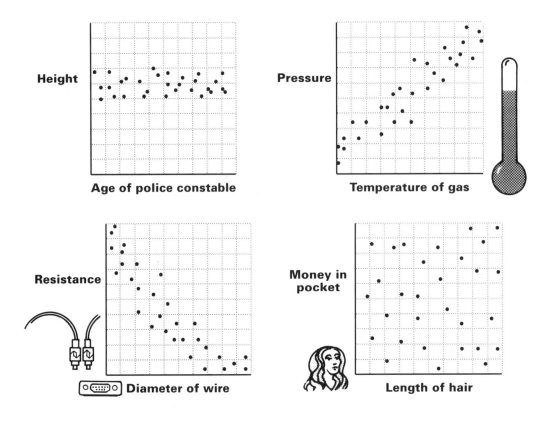

Height — Age of police constable

Pressure — Temperature of gas

Resistance — Diameter of wire

Money in pocket — Length of hair

2

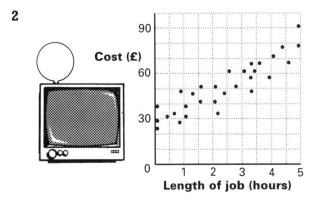

Cost (£), Length of job (hours)

Different TV repair companies were asked to cost jobs.
They all charged a call-out fee and an hourly rate. The scatter diagram shows the findings.
a Trace the grid, and draw a best fitting straight line on it.
b Estimate the call-out charge.

c Estimate the cost of a job which lasts:
(i) 2 hours (ii) 4 hours.
d Estimate the hourly rate.

14 KINDS OF QUADRILATERAL

EXERCISE 1E

1 There are eight objects below with kites hidden in them.
Sketch the kite in each one, and say what the object is.

2 Copy the diagram on squared paper and complete the kites. Write down the coordinates of D in each one.

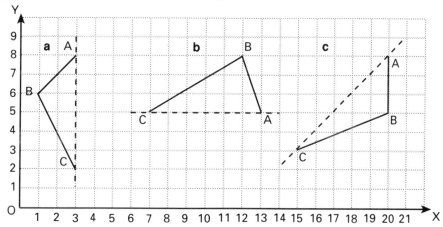

3 Which pairs of triangles can be fitted together to form a kite?

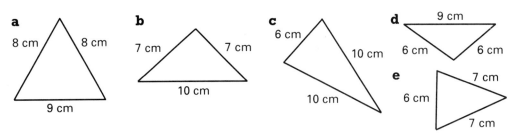

a
8 cm   8 cm
9 cm

b
7 cm   7 cm
10 cm

c
6 cm
10 cm
10 cm

d
9 cm
6 cm   6 cm

e
6 cm
7 cm
7 cm

4

DEFG is a kite.
Copy the kite and fill in as many lengths and angles as you can.

D
40 cm
G   H   50°   E
80 cm
30°
F

EXERCISE 2E

1 On squared paper copy and complete the rhombuses. In each case write down the coordinates of the four corners.

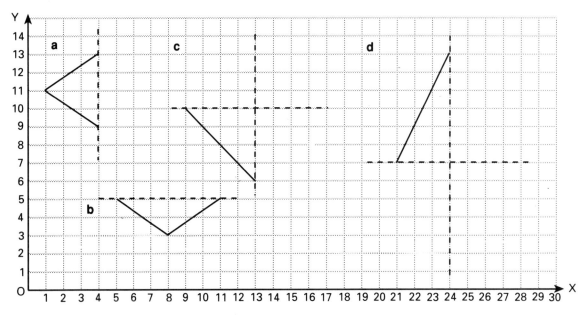

2 Copy each rhombus and mark all the angles.
Remember, the diagonals are axes of symmetry.
You need to know what the sum of the angles of a triangle is!

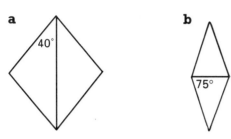

a   **b**   **c**

3

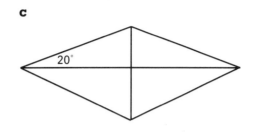

These doors have cross-braces for strength. Each door is 3 m wide and 4 m high. The diagonal of each door is 5 m long.
a Can you see a rhombus? What is the length of each side?
b What are the lengths of the diagonals of the rhombus?

4 Some settees and chairs have quilted designs like this. They are really strips of rhombuses.

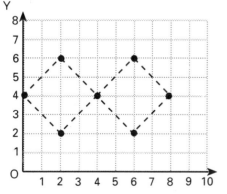

The designer is trying her pattern on squared paper.

a Draw a strip of 4 rhombuses. The first two have been done for you.
b Write down the coordinates of the four buttons furthest to the right in your strip.

EXERCISE 3E

1 Draw a rhombus with its sides 6 cm long.
Hint: Draw a line AB more than 6 cm long but less than
12 cm long—let's say 10 cm.
Open compasses to 6 cm.
With centre A, draw an arc above the
line and an arc below the line.

Keep compasses open at 6 cm.
With centre B, draw arcs to cut the
arcs above and below the line.
Now draw the four sides of the
rhombus.

2 Repeat **1** starting with AB = 8 cm.

3 Draw a rhombus with its sides 12 cm long. Follow the steps of question **1**.

4 Draw a kite with sides 4 cm and 8 cm.
Start with line AB 10 cm long.

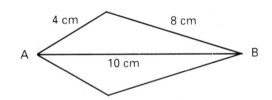

EXERCISE 4E

1 Start at A, and follow the arrows to B.
   a How far have you gone along the
   sides of the parallelograms?
   b What is the length of the shortest
   route from B to A along the sides of
   the parallelograms?

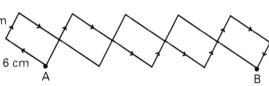

2 Copy the diagram on squared paper and complete the parallelograms. Write down the coordinates of the corners in each case.

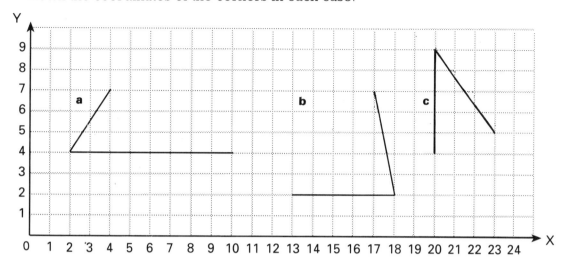

3 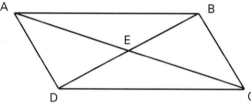   ABCD is a parallelogram.

Copy and complete:
a AB = ...   **b** AD = ...   **c** AB is parallel to ...
d AD is parallel to ...   **e** CE = ...   **f** DE = ...

4 a Why can the shaded parallelogram tile slide along, or up and down between the parallel lines?
b What is the length and breadth of each tile?
c Calculate the perimeter of the outlined shape.

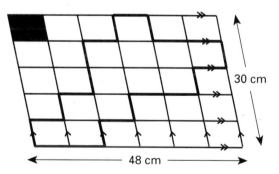

5 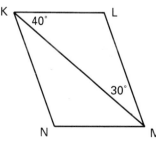   Copy the parallelogram and fill in the angles.

EXERCISE 5E

1 The trapezium is symmetrical about the dotted line. Copy it and fill in all the lengths and angles.

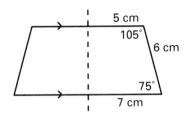

5 cm
105°
6 cm
75°
7 cm

2

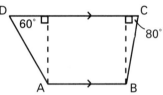

The side of the wheelbarrow is in the shape of a trapezium

a Copy the trapezium and fill in all the angles.

b What size is: (i) ∠ABC (ii) ∠BAD?

D   60°   C
80°
A   B

3 a PQRU is a trapezium. Name the other trapezium.

b Name two lines of symmetry in the diagram.

c List the coordinates of P, Q, R, ..., U.

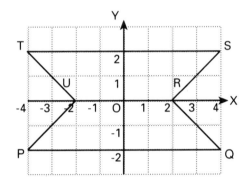

4

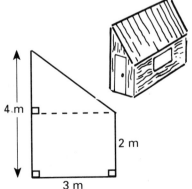

The cross-section of the roof structure of the house is a trapezium. Copy the trapezium, and fill in as many lengths and angles as you can.

7 m
3 m
45°

5 The end of the hut is a trapezium shape. Calculate its area by calculating the area of the rectangle, and then the triangle.

4 m
2 m
3 m

15 SOME SPECIAL NUMBERS

EXERCISE 1E

1 Write these in shorter index form. For example, $2 \times 2 \times 2 \times 2 = 2^4$.
  a $2 \times 2 \times 2$ **b** $3 \times 3 \times 3 \times 3$ **c** 10×10 **d** $1 \times 1 \times 1 \times 1 \times 1$
  e $4 \times 4 \times 4 \times 4 \times 4$ **f** $6 \times 6 \times 6 \times 6 \times 6 \times 6$ **g** $5 \times 5 \times 5 \times 5 \times 5 \times 5 \times 5$

2 Write these out in full. Then calculate their values. For example, $4^2 = 4 \times 4 = 16$, and $2^3 = 2 \times 2 \times 2 = 8$.
  a 2^2 **b** 3^2 **c** 6^2 **d** 8^2 **e** 1^2 **f** 4^3 **g** 10^3 **h** 5^3

3 a Copy these sequences, and write down the next three terms in each.
  (i) $1 \times 1, 2 \times 2, 3 \times 3, 4 \times 4, \ldots, \ldots, \ldots$
  (ii) $1, 4, 9, 16, \ldots, \ldots, \ldots$
  b What do you call the kind of numbers in **a**(ii)?

4 Pair the arrows and targets.

5 Copy and complete the first seven terms in this 'times 10' sequence, along with their names:
  1,   10,   100, $\ldots,$ $\ldots,$ $\ldots,$ $\ldots$
  one,   ten,   one hundred, $\ldots,$ $\ldots,$ $\ldots,$ $\ldots$

6 Find the IN and OUT numbers.

a $5 \rightarrow$ SQUARED $\rightarrow$ OUT   **b** $1 \rightarrow$ SQUARED $\rightarrow$ OUT   **c** $12 \rightarrow$ SQUARED $\rightarrow$ OUT

d IN $\rightarrow$ SQUARED $\rightarrow$ 16   **e** IN $\rightarrow$ SQUARED $\rightarrow$ 49   **f** IN $\rightarrow$ SQUARED $\rightarrow$ 64

7 Copy and complete:
  a $10^2 = 10 \times 10 = \ldots$ **b** $2^3 = 2 \times 2 \times 2 = \ldots$ **c** $3^4 = 3 \times 3 \times 3 \times 3 = \ldots$
  d $9^2 = \ldots = \ldots$ **e** $4^3 = \ldots = \ldots$ **f** $1^4 = \ldots = \ldots$
  g $5^2 = \ldots = \ldots$ **h** $6^3 = \ldots = \ldots$ **i** $10^4 = \ldots = \ldots$

EXERCISE 2E

1 a How many slabs are needed to make these paved areas?

(i) 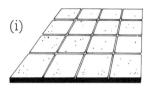   (ii)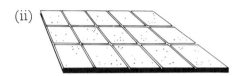

b Which of the areas is a square?

2 a Draw these square paved areas:
   (i) 3 rows of 3 slabs   (ii) 6 rows of 6 slabs.
   b How many slabs are needed to make each area?

3 How many slabs are needed to make each of these square paved areas?

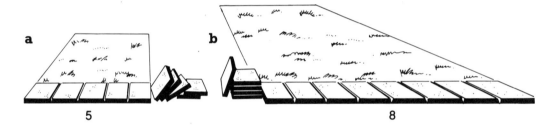

a   **b**

   5   8

4 Which of the following number of slabs can make a square, with no slabs left over?
   a 4   **b** 10   **c** 9   **d** 12   **e** 36

5 Which of the following are true?
   a $3^2 = 6$ **b** $7^2 = 49$ **c** $5^2 = 10$ **d** $10^2 = 100$

6 Which of these are true?
   a $\sqrt{4} = 2$ **b** $\sqrt{25} = 5$ **c** $\sqrt{16} = 8$ **d** $\sqrt{81} = 9$

7 Use your calculator to find:
   a 12^2 **b** 13^2 **c** 20^2 **d** 1.2^2 **e** 2.5^2
   f $\sqrt{196}$ **g** $\sqrt{900}$ **h** $\sqrt{0.16}$ **i** $\sqrt{2.25}$ **j** $\sqrt{12.25}$

8 The length of one edge of a square garden lawn is 6.4 m. Calculate the total area of the lawn.

9 Another square lawn has an area of 33.64 m². Calculate the length of one edge.

EXERCISE 3E

 Reminder

Multiples of 2 are 0, 2, 4, 6, 8, 10, 12, ...

1 List all the multiples of:
  a 3, from 3 to 12 (3, 6, ...)
  c 5, from 5 to 20
  e 9, from 9 to 45

  b 4, from 4 to 12
  d 6, from 6 to 24
  f 10, from 10 to 100

2 In each question below can the number go into the envelope?
(Answer yes or no.)

a    **b**    **c**    **d**

e    **f**    **g**    **h**

3 Which of the numbers below can go into the envelopes?

a    **b**    **c**    **d**

EXERCISE 4E

1 You can arrange 14 dots in a line

• • • • • • • • • • • • • • 1 row
                       14

or in a rectangle

• • • • • • •
• • • • • • •   2 rows.
      7

14 = 14 × 1 or 7 × 2.
The factors of 14 are 1, 2, 7, 14.

Draw all possible line or rectangle patterns for each of these numbers, then list
the factors of each number: **a** 6   **b** 10   **c** 5   **d** 16   **e** 22   **f** 25

2 Which of the cards below can go into the envelopes?

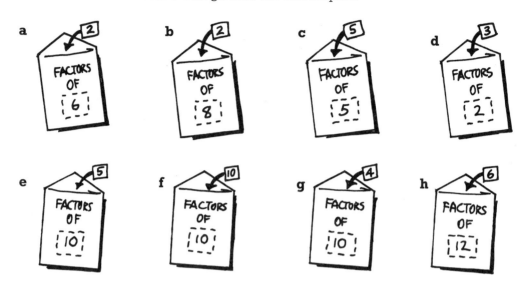

3 Each envelope below holds *all* the factors of the number on it. Copy and complete the list of factors in each envelope.

EXERCISE 5E

Number dot patterns and prime numbers

$3 = 3 \times 1$ $5 = 5 \times 1$ $6 = 2 \times 3$ $9 = 3 \times 3$

> Line numbers like 3 and 5 are prime numbers. They are multiples of only themselves and 1.
> Rectangle and square numbers like 6 and 9 are not prime numbers.
> $6 = 6 \times 1$, but also $6 = 3 \times 2$, so 6 is not a prime number.

1 (i) Make a dot pattern for each number, as rectangles or squares where possible.
(ii) Write each number as a product. For example, $3 = 3 \times 1$, $6 = 3 \times 2$, $36 = 6 \times 6$.
Say whether each number is a prime number or not.

a 2	**b** 3	**c** 4	**d** 5	**e** 6	**f** 9	**g** 10
h 11	**i** 12	**j** 13	**k** 14	**l** 15	**m** 16	**n** 25

2 A prime number can only be divided exactly by 1 and by itself. For example, 13 is a prime number. These are *not* prime numbers: 14 (divisible by 2, etc.), 15 (divisible by 3, etc.), 49 (divisible by 7, etc.).
Which of these are prime numbers?

a 7	**b** 8	**c** 9	**d** 10	**e** 11	**f** 12	**g** 13
h 16	**i** 18	**j** 20	**k** 26	**l** 29	**m** 30	**n** 31
o 32	**p** 33	**q** 34	**r** 35	**s** 36	**t** 37	**u** 38

3 List all the whole numbers from 40 to 50 and say which are prime numbers.

EXERCISE 6E

Copy and complete these 'trees'. Then write each number as a product of prime factors; for example, $6 = 2 \times 3$.

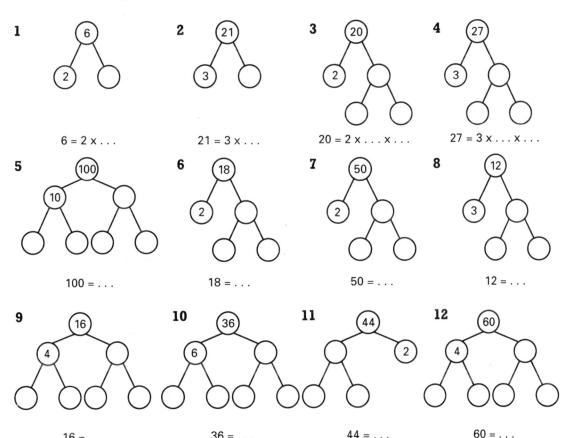

1   6 = 2 × . . .

2   21 = 3 × . . .

3   20 = 2 × . . . × . . .

4   27 = 3 × . . . × . . .

5   100 = . . .

6   18 = . . .

7   50 = . . .

8   12 = . . .

9   16 = . . .

10   36 = . . .

11   44 = . . .

12   60 = . . .

13 Make different 'trees' for questions **3**, **9**, **10**, **11** and **12**.

16 FORMULAE AND SEQUENCES

EXERCISE 1E

1 a  'Double your score on a bonus square!' What do you get, landing on a bonus square, when your score is:
(i) 3 (ii) 6 (iii) 8 (iv) 15 (v) x (vi) t
(vii) w (viii) z?

b 'Subtract 5 from your score on a penalty square!' What do you get, landing on a penalty square, when your score is:
(i) 6 (ii) 7 (iii) 9 (iv) 20 (v) b (vi) e
(vii) f (viii) n?

c  What do you pay for these prices?
(i) £5 (ii) £8 (iii) £12
(iv) £x (v) £y (vi) £f

d A rough rule for changing kilograms to pounds is to double the number. Roughly how many pounds are equal to:
(i) 2 kg (ii) 1 kg (iii) 3 kg (iv) 5 kg
(v) m kg (vi) t kg (vii) x kg (viii) y kg?

e A rough rule for changing 'km per litre' to 'miles per gallon' is to multiply by 3. Change these 'km per litre' to 'miles per gallon':
(i) 6 (ii) 8 (iii) 12 (iv) n (v) m (vi) w

f Each parcel needs 2.5 m of string. How much string is needed for these numbers of parcels?
(i) 2 (ii) 4 (iii) 3 (iv) 7 (v) x (vi) y (vii) z
(viii) w

2 Copy and complete:

a

Money spent	Total (£T) spent
£2, £3, £2, £10	$T = 17$
£5, £8, £7	$T =$
£11, £12, £15, £18	$T =$
£a, £b, £c	$T =$
£x, £y, £z	$T =$
£t, £u, £v, £w	$T =$
£2x, £3y	$T =$

b

Money spent	Change (£C) from £20
£2	$C = 18$
£5	$C =$
£11	$C =$
£w	$C =$
£n	$C =$
£m	$C =$
£t	$C =$

EXERCISE 2E

PERIMETERS

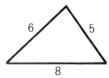

Perimeter of triangle $= 8 + 6 + 5$
$\qquad\qquad = 19$
If lengths are cm, the perimeter is
19 cm.

Perimeter of triangle $(P) = 4 + x + x$
$\qquad\qquad\qquad = 4 + 2x$
Formula $P = 4 + 2x$

---

1   Calculate the perimeter of each triangle. The units are given beside the names.

a
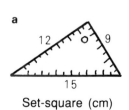
Set-square (cm)

b
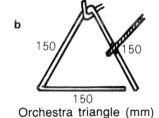
Orchestra triangle (mm)

c
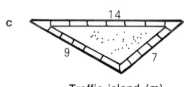
Traffic island (m)

2 Make a formula for the perimeter P of each triangle. For example, $P = x + 8$.

a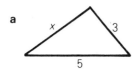

b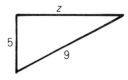

c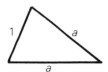

d

e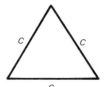

f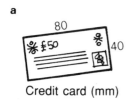

3 Calculate the perimeter of each rectangular object.

a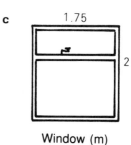

Credit card (mm)

b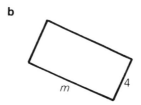

Bookmark (cm)

c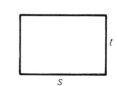

Window (m)

4 Make a formula for the perimeter P of each rectangle.

a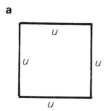

b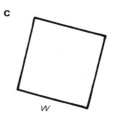

c

5 Make a formula for the perimeter P of each square.

a

b

c

AREAS

Area of rectangle = 3×2
$$= 6$$
If lengths are m, the area is 6 m².

Area of rectangle $(A) = x \times y$
$$= xy$$
Formula $A = xy$

6   Calculate the area of each rectangular object.

a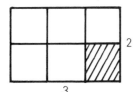
Door (m)

b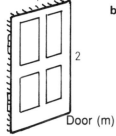
Paint box (cm)

c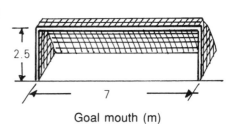
Goal mouth (m)

7   Make a formula for the area A of each rectangle.

a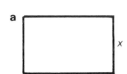

b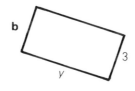

c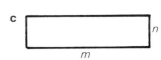

8   Calculate the area of each square object.

a
Floppy disk (cm)

b
Record sleeve (cm)

c
Cake-tin lid (cm)

9   Make a formula for the area A of each square.

a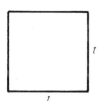

b

c

10 Calculate the area of each floor, in m².

a
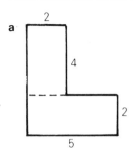

b
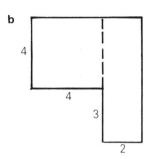

VOLUMES

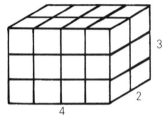

Volume of cuboid = $4 \times 2 \times 3$
$= 24$
If lengths are cm, the volume is 24 cm³.

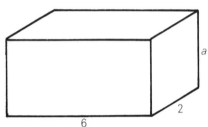

Volume of cuboid $(V) = 6 \times 2 \times a$
$= 12a$
Formula $V = 12a$

---

11 Calculate the volume of each 'box'.

a
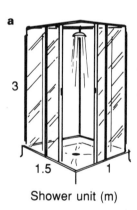

Shower unit (m)

b
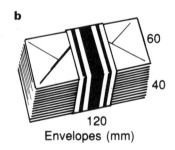

120
Envelopes (mm)

c

Video cassette (cm)

12 Make a formula for the volume V of each cuboid.

a
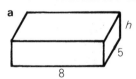

b

c
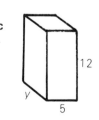

13 Make a formula for the volume V of each cuboid.

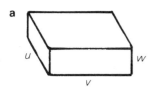

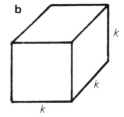

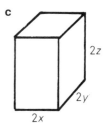

14 Boxes 20 cm by 10 cm by 5 cm have to be made to hold new radio cassette recorders. Calculate:
a the volume of a box
b the total length of all of its edges
c its total surface area.

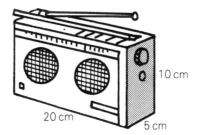

10 cm

20 cm

5 cm

EXERCISE 3E

---

1 Give a possible rule for each of these sequences:

a

Rule? (1, 2, 3, . . .)

b

Rule?
(3, 5, 7, . . .)

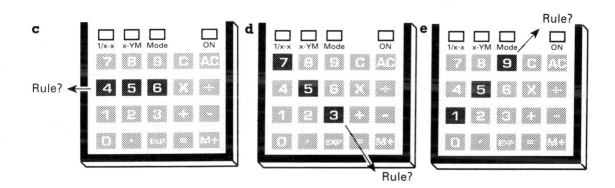

c Rule?

d Rule?

e Rule?

2 Give rules for these sequences.

a JANUARY

```
      6 13 20 27
      7 14 21 28
  1  8 15 22 29  → Rule?
  2  9 16 23 30
  3 10 17 24 31
  4 11 18 25
  5 12 19 26
```

b FEBRUARY

```
  3 10 17 24   ↗ Rule?
  4 11 18 25
  5 12 19 26
  6 13 20 27
  7 14 21 28
  8 15 22
  2  9 16 23
```

c MARCH

```
        3 10 17 24 31
        4 11 18 25
Rule? ←  5 12 19 26
        6 13 20 27
        7 14 21 28
  1  8 15 22 29
  2  9 16 23 30
```

d APRIL

```
        7 14 21 28
        1  8 15 22 29
        2  9 16 23 30
        3 10 17 24
        4 11 18 25
Rule? ↙  5 12 19 26
        6 13 20 27
```

3 On what dates should these cats be given their tablets if each cat has to take 4 tablets?

	Starting date	Tablet to be given	Name of cat
a	2nd April	every 2 days	Bonnie
b	3rd May	every 4 days	Mina
c	8th June	every 3 days	Sweep
d	4th August	every day	Chico
e	1st October	every 8 days	Tippy
f	2nd November	once a week	Pepi
g	5th December	every 5 days	Nomi

4 Follow the rules and list the first five numbers in each sequence:
a start at 2, add 6   **b** start at 20, subtract 3   **c** start at 7, double
d start at 64, halve   **e** start at 81, divide by 3   **f** start at 1, add 11
g start at 14, subtract 1   **h** start at 100, subtract 12   **i** start at 5, add 55

EXERCISE 4E

1 Copy and complete this table:

		$n = 1$	$n = 2$	$n = 3$	$n = 4$	$n = 5$	$n = 6$
a	$2n$	2					
b	$4n$						
c	$3n - 2$	1					
d	$2n + 3$						
e	$5n - 1$						
f	$7n$	7					
g	$2n + 1$						
h	$6n - 1$	5					
i	$10n$						

2 What is the difference between neighbouring pairs of numbers in each sequence?
  a 2, 4, 6, 8, ...
  b 11, 14, 17, 20, ...
  c 5, 11, 17, 23, ...
  d 7, 15, 23, 31, ...
  e 1, 11, 21, 31, ...
  f 3, 8, 13, 18, ...
  g 11, 18, 25, 32, ...
  h 17, 29, 41, 53, ...
  i 15, 29, 43, 57, ...

3 For each nth term find the first four terms of the sequence, and say what the difference between the terms is:
  a $2n - 1$
  b $3n + 4$
  c $7n$
  d $4n - 3$
  e $5n + 1$
  f $7n - 3$
  g $8n - 5$
  h $10n$

EXERCISE 5E

1 Copy and complete these difference tables (1st differences are constant):

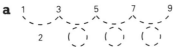

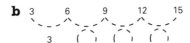

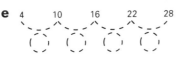

2 Copy and complete these difference tables (2nd differences are constant):

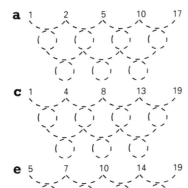

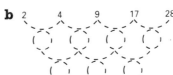

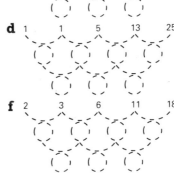

3 Copy and complete these difference tables (1st differences are constant):

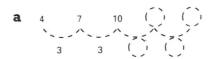

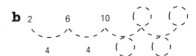

17 PROBABILITY

---

1 In her hotel room, Martina does not know which tap is the
hot water tap. She picks one at random.
   a What are the two possible results?
   b Calculate P(Hot).
   c Copy and complete the tree diagram.

 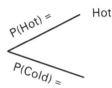

2 A pupil is picked at random from this group of 1 boy
and 3 girls.
   a Calculate the probability that:
      (i) a boy   (ii) a girl, is chosen.
   b Copy and complete the tree diagram.

3 The bag contains 2 white counters and 3 black ones.
   a How many counters are there?
   b One is taken out at random. Calculate:
      (i) P(white)   (ii) P(black).
   c Copy and complete the tree diagram.

4

1	2	3
4	5	6
7	8	9

Open the box! Only one box contains a prize.
Meg picks a box at random.
   a Calculate: (i) P(W)   (ii) P(L).
   b Copy and complete the tree diagram.

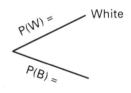

5 A rugby team has 8 forwards and
7 backs.
   a How many players are in the team?
   b A player is chosen at random.
   Calculate:
      (i) P(forward)   (ii) P(back).
   c Draw a tree diagram.

EXERCISE 2E

1

0		0.5		1
Impossible				Certain

Copy the probability scale. Use arrows to mark the position of the probability that:
a an egg will break when it is dropped
b an ice cube will *not* melt when it is thrown onto a fire
c when a hand of a clock stops it will point to a time between 1 and 4 on the clockface
d the short straw will be picked from two long straws and one short one
e the next birth in the country will be of a girl.

2 There are fifty coloured discs in a bag.
Copy the probability scale in question **1**, marking it at 0, 0.1, 0.2, 0.3, 0.4, 0.5 and 1.
A disc is chosen at random. Mark the probability that it is:
a red   **b** blue   **c** green
d yellow   **e** none of these colours.

Colour	Number
Red	20
Blue	10
Green	5
Yellow	15

3 The scales below show the probabilities of two school teams winning, drawing or losing their soccer fixtures, based on their past record.

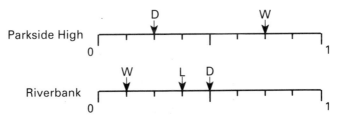

a Describe what the scales tell you about the teams' records—the fractions of games each won, lost or drew.
b Draw a tree diagram for the probabilities for each team.

EXERCISE 3E

Which of these would you choose to estimate the following probabilities?

Experiment

Survey

Past data

Counting equally likely outcomes

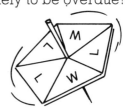

1 A pupil in your school, chosen at random, likes horse riding.

2 A person wins on a charity football card.

3 The snow at Sky Blue ski resort lasts into April.

4 You'll catch a ball when it is thrown high in the air.

5 A person, chosen at random, uses a particular brand of toothpaste.

6 A number called in Bingo is less than 10.

7 High Street traffic lights will be red when you reach them.

8 Your next mathematics test result will be more than 50%.

EXERCISE 4E

1 Mali's cheque book number has eight digits. If these numbers are chosen at random, how many would you expect to be: **a** even   **b** odd?

2 At the High Street Driving Test Centre about 1 in 4 drivers pass their test first time. On a day when 20 drivers take their test for the first time how many might expect to pass?

3 At the International Airport there is a 20% probability of being stopped by Customs Officers. On a flight of 200 passengers how many might expect to be questioned?

4 At her library desk Lynn reckons the probability of a book being overdue is $\frac{1}{8}$. On a day when 400 books are returned how many are likely to be overdue?

5 **a** What is: (i) P(W)   (ii) P(L), with the spinner?
   b Show the probabilities on a tree diagram.
   c Calculate the number of times you might expect to:
      (i) win   (ii) lose, in 120 spins.

1 NUMBERS IN ACTION

PAGE 1   EXERCISE 1E
1 a £4.50 **b** £12.25 **c** £6.25 **d** £19.75 **e** £10.50 **f** £75
2 a 2 **b** 22   **3** 3
4 £7, £13.50, £15, £12.25, £9, £5.98. Total cost £62.73
5 a 5p **b** 60p **c** 35p   **6 a** 50p **b** 85p
7 a 10 min **b** 4 min **c** 3 min

PAGE 2   EXERCISE 2E
1 10, 30, 30, 50, 60, 60, 80, 90, 100 mm
2 a 70 kg **b** 40 kg **c** 70 kg
3 a 150 cm **b** 150 cm **c** 160 cm
4 a 6p **b** 4p **c** 17p **d** 7p **e** 73p
5 a £4 **b** £5 **c** £17 **d** £25 **e** £1
6 a (i) £640 (ii) £600 **b** (i) £880 (ii) £900 **c** (i) £960
(ii) £1000 **d** (i) £1280 (ii) £1300
7 a No **b** Yes **c** Yes **d** No **e** No
8 a 6p **b** £50 **c** 40s **d** £600 **e** 3 cm **f** £10

PAGE 3   EXERCISE 3E
1 a (i) 3 (ii) 6 **b** (i) 8 and 9; 8 (ii) 4 and 5; 5
2 1, 2, 3, 5, 6, 9, 10, 12 (cm)
3 a 14 kg **b** 77 kg **c** 25 kg **d** 105 kg
4 a £0.08 **b** £0.25 **c** £1.73 **d** £3.89 **e** £72.71 **f** 50.01
5 a 6.3 cm **b** 5.9 cm **c** 4.0 cm **d** 7.3 cm **e** 12.1 cm
6 a (i) 1.92 (ii) 7.47 (iii) 2.08 (iv) 3.75 **b** (i) 1.9 (ii) 7.5
(iii) 2.1 (iv) 3.8
7 a (i) £33 (ii) £33.30 (iii) £33.33 **b** (i) £14 (ii) £14.30
(iii) £14.29

PAGE 4   EXERCISE 4E
1 a (ii) **b** (iii) **c** (i)
2 a 50 **b** 20 **c** 80 **d** 90 **e** 90
3 a 620 **b** 290 **c** 110 **d** 890 **e** 760
4 a (i) tens (ii) hundreds (iii) tens (iv) thousands
b (i) 70 (ii) 600 (iii) 30 (iv) 7000
5 a 680 **b** 520 **c** 850 **d** 1400
6 a 300, 200, 200, 200, 100 **b** 1000 **c** 1003
7 a £6000 **b** £6282 **8 a** £2000 **b** 2142

PAGE 5   EXERCISE 5E
1 a (i) 19 (ii) 19 **b** (i) 39 (ii) 39 **c** (i) 25 (ii) 25
2 a $8 + 4 + 2$ **b** $8 + 4 - 2$ **c** $8 - 4 - 2$ **d** $8 \times 4 - 2$ **e** $8 - 4 \times 2$
f $8 \times 4 \times 2$
3 a $5 \times 6 - 4 \times 5 = 10$, $6 \times 7 - 5 \times 6 = 12$
b $11 \times 12 - 10 \times 11 = 22$
4 a 4 **b** 2 **c** 1 **d** 5 **e** 3
5 a $(6 - 3) \times 2 = 6$ **b** $(2 + 1) \times 3 = 9$ **c** $12 \div (6 \times 2) = 1$
d $5 \times (3 - 2) = 5$ **e** $20 \div (10 \div 2) = 4$ **f** $(2 \times 3)^2 = 36$

PAGE 6   EXERCISE 6E
1 a 11 **b** 13 **c** 16 **d** 5 **e** 9 **f** 17
2 a 20 **b** 27 **c** 35 **d** 36 **e** 36 **f** 56
3 a 27 **b** 57 **c** 50 **d** 13 **e** 27 **f** 91
4 a 20 **b** 300 **c** 300 **d** 4000 **e** 8000 **f** 0
5 a 24 **b** 60 **c** 200 **d** 180 **e** 84 **f** 400
6 a 7 **b** 11 **c** 8 **d** 10 **e** 3 **f** 30
7 a 2 **b** 9 **c** 6 **d** 5 **e** 9 **f** 8
8 a 13 **b** 17 **c** 17 **d** 25 **e** 29
9 a 102 **b** 310 **c** 336 **d** 858 **e** 504 **f** 1204
10 a 13 **b** 24 **c** 64 **d** 43 **e** 43 **f** 46.

 2 ALL ABOUT ANGLES

PAGE 7   EXERCISE 1E
1 a $\angle$ UST = 20° **b** $\angle$ MON = 55° **c** $\angle$ GFH = 50°
d $\angle$ JKM = 44°
2 a 85° **b** 81° **c** 71° **d** 48° **e** 25° **f** 2°   **3** 12°
4 a 15° **b** 26°
5 a 35° **b** 125° **c** 65° **d** 55° **e** 25°: **a** and **d**, **c** and **e**
6 Acute: **a**, **c**, **d**, **e**   Obtuse: **b**

PAGE 8   EXERCISE 2E
1 a $\angle$ ABD = 105° **b** $\angle$ JOM = 115° **c** $\angle$ RSU = 65°
d $\angle$ XWY = 50°, $\angle$ XWZ = 95°
2 a 175° **b** 160° **c** 130° **d** 80° **e** 70° **f** 45° **g** 35°
h 10°
3 a 144° **b** 68°   **4** $a = 47$, $b = 37$, $c = 18$, $d = 62$
5 $x = 65$, $y = 110$, $z = 145$
6 a Acute: 35°, 65°, 70°   Obtuse: 110°, 115°, 145°
b It is an obtuse angle

PAGE 9   EXERCISE 3E
1 a   **b**   **c**   **d**

2 a   **b**

c   **d**

3 a ∠ABD = ∠CBE = 30°, ∠ABE = ∠DBC = 150°
b ∠GJI = ∠HJF = 108°, ∠HJG = ∠FJI = 72°
c ∠MPR = ∠KPN = 85°, ∠KPM = ∠NPR = 95°
4 a 4 **b** 4 **5** 180°

PAGE 10   EXERCISE 4E

1 a
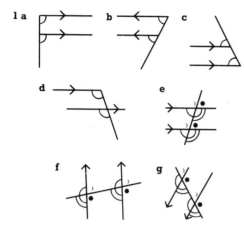

2 a (i) J (ii) K (iii) L (iv) M (v) P **b** (i) E (ii) M (iii) P
(iv) G
3 a ∠KOJ **b** ∠NMP **c** ∠NMP **d** ∠KOJ = 72°,
∠JOP = ∠NMP = 108°
4 a, b

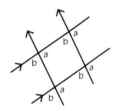

5 $a = 78; b = 136; c = 144, d = 36; e = 115, f = 115;$
$g = 52, h = 128, i = 128; j = 40, k = 140, m = 40,$
$n = 40, p = 140, q = 40, r = 140$

PAGE 11   EXERCISE 5E

1 a
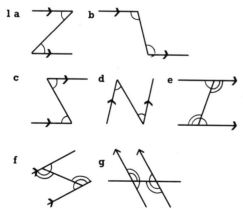

2 a (i) J (ii) L (iii) K **b** (i) A, F (ii) C, H (iii) J, M
3 12 **4** $a = 50, b = 50, c = 40$

---

5 $a = 35, b = 65, c = 80, d = 100, e = 100$
6

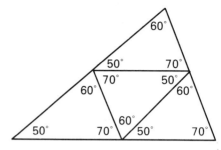

PAGE 13   EXERCISE 6E

1 a 1, 4 **b** 2, 3 **c** 3, 4 **d** 2, 4
2 a ∠BFH **b** ∠CGH **c** ∠FGC **d** ∠EGC or ∠DGH
3 $a = 80, b = 100, c = 80, d = 50, e = 130, f = 55,$
$g = 55, h = 55$
4 a ∠RWS **b** ∠USP **c** ∠VWS
5 $a = 50, b = 50, c = 50, d = 130$
6 All angles are 55° or 125°.

3 LETTERS AND NUMBERS

PAGE 14   EXERCISE 1E

1 a (i) 42 (ii) 42 **b** (i) 52 (ii) 52 **c** (i) 119 (ii) 119
d (i) 27 (ii) 27. Yes **2 a** $5x$ **b** $4x$ **c** $5x$
3 a $2n$ **b** $3p$ **c** $4t$ **d** $2s$ **e** $3y$ **f** $4a$ **g** $2b$ **h** $4c$ **i** $2d$ **j** $5e$
k $4x$ **l** $3y$ **m** $5z$ **n** $2m$ **o** $5n$ **p** $4v$ **q** $3d$ **r** $6t$
4 a $5^2 = 25, 6^2 = 36, 7^2 = 49, 8^2 = 64, 9^2 = 81, 10^2 = 100$
b $4^3 = 64, 5^3 = 125, 6^3 = 216, 7^3 = 343$
5 a (i) 9 (ii) 6 (iii) 9 (iv) 27
b (i) 4 (ii) 4 (iii) 6 (iv) 8
c (i) 64 (ii) 16 (iii) 8 (iv) 12
d (i) 49 (ii) 343 (iii) 21 (iv) 14
e (i) 18 (ii) 12 (iii) 216 (iv) 36
f (i) 10 (ii) 15 (iii) 25 (iv) 125
g (i) 2 (ii) 1 (iii) 1 (iv) 3
h (i) 30 (ii) 1000 (iii) 20 (iv) 100
6 a $6a$ **b** $6b$ **c** $5c$ **d** $9d$ **e** $8e$ **f** $10x$ **g** $2y$ **h** $3y$ **i** $4y$
j $8z$ **k** $10m$ **l** $12n$ **m** $2k$ **n** $13a$ **o** $15b$
7 a $3x$ **b** $2y$ **c** $3p$ **d** $5t$ **e** $6t$ **f** $3u$ **g** $6v$ **h** a **i** 0 **j** 0
k $6w$ **l** z **m** $7d$ **n** $4e$ **o** $3f$ **8 a** $3^2, b^2$ **b** $4^2, c^2$ **c** $6^3, d^3$
9 a x^2 **b** y^2 **c** z^2 **d** n^2 **e** k^2 **f** m^3 **g** p^3 **h** t^3 **i** q^2 **j** d^2
10 a $6b^2$ **b** $4c^2$ **c** $10d^2$ **d** $9e^2$ **e** $8f^2$ **f** $12g^2$ **g** $16k^2$ **h** $5a^2$
i $3b^2$ **j** $81c^2$
11 a, b, c

8	3	4
1	5	9
6	7	2

PAGE 16   EXERCISE 2E
1 a 7 cm **b** 18 cm **c** 27 cm **d** $3x$ cm **e** $2y$ cm **f** $4w$ cm
g $2t$ cm **h** $3t$ cm **i** $4x$ cm **j** $5r$ cm **k** $2n$ cm
2 a $2x$ **b** $7y$ **c** $5m$ **d** t **e** $4x$ **f** $3y$
3 a 6 **b** 6 **c** 12 **d** 12 **e** 4 **f** 4 **g** 14 **h** 16
4 a 25 **b** 10 **c** 15 **d** 15 **e** 35 **f** 40 **g** 30 **h** 25 **i** 50 **j** 10
k 75 **l** 75
5 a 225 cm² **b** 576 cm² **c** 2025 cm²
6 a t^2 cm² **b** x^2 cm² **c** k^2 cm²

PAGE 17   EXERCISE 3E
1 a 10 m **b** 12 m **c** 13 m
2 a $x+3$ m **b** $y+6$ m **c** $z+4$ m
3 a 5 m **b** 6 m **c** 5 m   **4 a** $5a$ m **b** $11b$ m **c** $8c$ m
5 a 40 cm **b** 360 mm **c** 33 m
6 a $P = x+8$ **b** $P = y+10$ **c** $P = z+14$ **d** $P = 2a+1$
e $P = 2b+7$ **f** $P = 3c$
7 a 180 mm **b** 42 cm **c** 7 cm
8 a $P = 2x+2y$ **b** $P = 2c+2d$ **c** $P = 2p+2q$
9 a $P = 4a$ **b** $P = 4b$ **c** $P = 4c$

PAGE 19   EXERCISE 4E
1 a 2×7; $6+8$; 14 **b** 3×5; $12+3$; 15
c 5×5; $10+15$; 25 **d** 4×9; $16+20$; 36 **e** 2×11;
$16+6$; 22
f $6 \times 10 = 60$, $18+21 = 39$. Not the same.
2 a 32 cm²; 20 cm²+12 cm² **b** 45 cm²; 35 cm²+10 cm²
c 20 cm²; 8 cm²+12 cm² **d** 20 cm²; 12 cm²+8 cm²
3 a 10 **b** 25 **c** 15 **d** 35 **e** 9 **f** 14 **g** 30 **h** 45 **i** 40
4 a 10 **b** 25 **c** 15 **d** 35 **e** 15 **f** 10 **g** 30 **h** 55 **i** 40

PAGE 20   EXERCISE 5E
1 a $2x+2$ **b** $3y-3$ **c** $2x+4$ **d** $3x-6$ **e** $5t+15$ **f** $4m+8$
g $2n-10$ **h** $6y+24$ **i** $7x-7$ **j** $6y+18$ **k** $3r+12$ **l** $5t-15$
m $8t+40$ **n** $9x-9$ **o** $4x-12$ **p** $4x+12$ **q** $7q+28$
r $3k+24$ **s** $3h+21$ **t** $2y-10$ **u** $9r-18$ **v** $8s+56$
w $6x-48$ **x** $5b-5$
2 A – 3; B – 8; C – 2; D – 6; E – 5; F – 1; G – 7; H – 4
3 a $2x-18$ **b** $3b+3$ **c** $8c-56$ **d** $2m+6$ **e** $7e-35$
f $7p+35$ **g** $4h+24$ **h** $5v+45$ **i** $10g-90$ **j** $4a-24$
k $7r+63$ **l** $8n+16$ **m** $3d-21$ **n** $6k+12$ **o** $9q-36$
p $6u+42$ **q** $8y-72$ **r** $10w+80$ **s** $5f-45$ **t** $7t-49$
u $2s-8$ **v** $7z-28$ **w** $6t-36$ **x** $8c-32$

4 MAKING SENSE OF STATISTICS 1

PAGE 21   EXERCISE 1E
1 a 2 kg **b** (i) 4 kg (ii) 8 kg **c** at 4 months
d zero rate of growth
2 a April **b** June
c Month: Jan 2, Feb 8, Mar 10, Apr 12, May 6, Jun 5
d 43

3 a (i) 18°C (ii) 17.5°C **b** 2 pm **c** 2°C
d It rose from 18°C at 10 am to 19.5°C at 2 pm, then
fell steadily to 17°C at 10 pm
4 a 24 miles **b** 2 hours **c** 2 hours
d (i) half an hour (ii) 8 miles

PAGE 22   EXERCISE 2E
1 Averages only 270 miles per year—about three
quarters of a mile per day
2 a No vertical scale **b** condensed horizontal scale;
1994 not shown
3 Visually one looks at the area to suggest growth—
four times, not double
4 a No vertical scale
b no labels to say what is being measured, or to give
units
c no uniform width   **d** deceptive title
e fourth column not labelled

PAGE 23   EXERCISE 3E
1 a 4 **b** 12 **c** 12 **d** 3.24
2 (i) 1.6 cm (ii) 2.4 cm
3 a 25p **b** 28.5p
4 a 4.44, 5.32, 6.04 **b** improving with each test

PAGE 24   EXERCISE 4E
1 a 3, 2 **b** 6, 5 **c** 6.5, 5 **d** 7, 7
2 a 23.5, 24 **b** 23.1, 6
3 a 13.5, 12 **b** mean = 13.5; range = 5. His score is
0.5 above the mean.

5 FRACTIONS, DECIMALS AND PERCENTAGES

PAGE 25   EXERCISE 1E
1 a Nought point two **b** two point seven
c thirteen point four **d** sixty point eight
2 a 0.3 **b** 1.6 **c** 12.5 **d** 50.9
3 a 7.5 **b** 8.0 **c** 8.4 **d** 9.7 **e** 10.9
4 Imran, John, Geordie, Mike
5 a 0.7 **b** 1.3 **c** 6.5 **d** 0.1 **e** 1.8 **f** 1.4
6 a 4 **b** 26 **c** 12.7 **7 a** 10 **b** 380 **c** 5260
8 a 0.3 **b** 1.7 **c** 0.258 **9 a** 2.7°C **b** 2.6°C **c** 3.9 kg
10 a 41 km **b** (i) 2.4 km (ii) 5.6 km **11** £12.23
12 £131.04

PAGE 26   EXERCISE 2E
1 a
(i) (ii) (iii)
b
(i) (ii)   (iii)

2 a $\frac{1}{2}$ **b** $\frac{1}{4}$ **c** $\frac{1}{5}$ **d** $\frac{1}{3}$ **e** $\frac{7}{10}$ **f** $\frac{3}{4}$
3 $\frac{1}{3}$ **4** a 6 **b** (i) $\frac{1}{6}$ (ii) $\frac{1}{6}$ (iii) $\frac{1}{3}$
5 a 5p **b** 1p **c** 25p **d** 9p **e** 8p **6 a** $\frac{1}{4}$ **b** $\frac{3}{4}$
7 a $\frac{20}{100}$ **b** $\frac{30}{100}$ **c** $\frac{66}{100}$ **d** $\frac{81}{100}$ **e** $\frac{99}{100}$ **f** $\frac{11}{100}$
8 a 3p **b** 50p **c** 3 cm **d** £4
9 a £5 **b** £45 **10** 60%

PAGE 27   EXERCISE 3E

1 a £20 **b** £30 **c** £60 **2 a** £3.60 **b** £26.40
3 a £2 **b** £8
4 a £1.50, £13.50 **b** £12, £48 **c** £7.50, £22.50
5 a £60 **b** £25 **c** £300 **6 a** £21 **b** £171
7 a £10 **b** £5 **c** £2.50 **d** £1 **e** 10p

PAGE 28   EXERCISE 4E

1 a $\frac{1}{2}$ **b** $\frac{1}{5}$ **c** $\frac{2}{5}$ **d** $\frac{3}{5}$ **e** $\frac{1}{4}$ **f** $\frac{3}{4}$
2 a $\frac{3}{20}$ **b** $\frac{1}{4}$ **c** $\frac{7}{20}$ **d** $\frac{4}{5}$ **e** $\frac{1}{20}$ **f** $\frac{2}{5}$
3 a 0.19 **b** 0.23 **c** 0.71 **d** 0.45 **e** 0.05 **f** 0.01
4 a $\frac{1}{10}$ **b** $\frac{3}{10}$ **c** $\frac{1}{25}$ **d** $\frac{17}{20}$ **5 a** 6 **b** 44
6 a 50% **b** 25% **c** 10% **d** 5% **e** 40% **f** 75%
7 a 34% **b** 77% **c** 12% **d** 90% **e** 2% **f** 5%
8 a 80% **b** 75% **c** 85% **d** 70% **e** 90%
9 a 0.14 **b** 0.17 **c** 0.67 **d** 0.88 **e** 0.09 **f** 0.38 **g** 0.89
10 $\frac{3}{4} = 0.75 = 75\%$; $\frac{1}{4} = 0.25 = 25\%$; $\frac{1}{10} = 0.1 = 10\%$;
$\frac{1}{5} = 0.2 = 20\%$; $\frac{3}{5} = 0.6 = 60\%$

PAGE 30   EXERCISE 5E

1 a A 0%, B 15%, C 40%, D 63%, E 77%, F 95%
b (i) 40% (ii) 48% (iii) 18%
c (i) 15 m (ii) 23 m (iii) 18 m
2 a 35% **b** (i) 15 (ii) 24
3 a 90% **b** (i) $\frac{1}{10}$ (ii) $\frac{9}{10}$ **c** (i) 3 (ii) 27
4 a 1 hour **b** 20% **5 a** £1.50 **b** £16.50
6 English 80%, Maths 80%—the same.

6 DISTANCES AND DIRECTIONS

PAGE 31   EXERCISE 1E

1 a 5 km **b** 5 miles **c** 50 m **d** 500 m
2 b 15 cm
c bowl 2, 1 cm; bowl 3, 3 cm; bowl 4, $2\frac{1}{2}$ cm
d bowl 2, 10 cm; bowl 3, 30 cm; bowl 4, 25 cm
3 b 6.7 cm, 6.7 m **c** 6.7 cm, 6.7 m **4** 5.7 m

PAGE 32   EXERCISE 2E

1 a NW **b** N **c** W **d** S **e** NW **f** NE **g** SW
2 a N **b** NE **c** NW **3 a** NW **b** S
4 a F, J, D, I, E, G, B, H, C, PO **b** A

PAGE 33   EXERCISE 3E

1 a 030° **b** 120° **c** 315°
2 b (i) 070° (ii) 280° (iii) 160° (iv) 340° (v) 210° (vi) 250°
(vii) 110°

3 a E **b** S **c** W **d** N **e** NE **f** SE **g** NW **h** SW
4 A 030°, B 060°, C 090°, D 120°, E 150°, F 180°,
G 210°, H 240°, I 270°, J 300°, K 330°

PAGE 35   EXERCISE 4E

1 A 040°, 7 km; B 075°, 6 km; C 110°, 6.5 km;
D 220°, 5 km; E 300°, 7.5 km.

7 POSITIVE AND NEGATIVE NUMBERS

PAGE 36   EXERCISE 1E

1 a 5°C or +5°C **b** −5°C **c** 1°C or +1°C **d** −20°C
2 a 2°C **b** −1°C **c** 8°C **d** 12°C **e** −4°C
3 a 2°, 0° **b** 5°, −5° **c** 11°, 9° **d** −3°, −9°
4 −10, −9, −8, −7, −6, −5, −4, −3, −2, −1, 0, 1,
2, 3, 4, 5, 6, 7, 8, 9, 10
5 a Positive: 7, 9, 1, 5, 10 **b** Negative: −7, −1, −9,
−3, −10
6 a 0, −1, −2 **b** −3, −4, −5 **c** 2, 3, 4 **d** −2, −1, 0
e 1, −1, −3 **f** 4, 8, 12 **g** 10, 15, 20 **h** −2, −5, −8
7 a (i) Swansea (ii) Inverness **b** 5°C, 4°C, 3°C, 2°C,
1°C, 0°C, −1°C, −2°C, −5°C, −7°C
8 a £150, £50, £100, −£100, −£50, £150 **b** £300
9 A (−4, 2), B (2, 2), C (2, −4), D (−4, −4), O (0, 0)
10 a L **b** V **c** N **d** Z
11 a Harbour (2, 0), castle (5, 2), shops (6, −1), hospital
(4, −5), statue (3, −3), school (0, 4), well (−3, 3),
cinema (−3, 2), station (−4, −1)
b (i) (3, −7) (ii) (−5, 2)
12 b 8 sides **c** 4 lines **d** (i) Yes (ii) Yes

PAGE 38   EXERCISE 2E

1 a 3+2 = 5 **b** −2+3 = 1 **c** −5+4 = −1 **d** 1+3 = 4
e −3+3 = 0 **f** −6+5 = −1
2 a 1+4 = 5 **b** −1+5 = 4 **c** −6+6 = 0
d −3+3 = 0 **e** −5+3 = −2 **f** −8+4 = −4
3 a −4 **b** −1 **c** −2 **d** −8 **e** −1 **f** 2 **g** 7 **h** 7 **i** 1 **j** 0
k −3 **l** 1 **m** 0 **n** −4 **o** 1
4 Temperature at midday: 4°C, −1°C, 1°C, 2°C, 0°C,
6°C, 3°C, 5°C

PAGE 39   EXERCISE 3E

1 a 2−3 = −1 **b** 2−4 = −2 **c** 3−5 = −2
d 0−6 = −6 **e** −1−4 = −5 **f** 2−6 = −4
2 a 5 **b** 3 **c** 5 **d** −1 **e** −2 **f** −3 **g** −2 **h** −1 **i** −3
j −3 **k** −7 **l** −4 **m** −11 **n** −7 **o** −6
3 a 0, 1, 2, 3, 4, 5 **b** 1, 2, 3, 4, 5, 6
c 3, 4, 5, 6, 7, 8 **d** 0, 1, 2, 3, 4, 5
4 a 5+3 = 8 **b** 6+1 = 7 **c** 1+3 = 4
d −4+4 = 0 **e** 0+7 = 7 **f** −8+1 = −7
5 a 6 **b** 4 **c** 2 **d** 11 **e** 7 **f** 8 **g** 10 **h** 1 **i** 20 **j** 5 **k** 3 **l** 7
m 3 **n** −4 **o** −5

6 a −1 **b** l **c** 0 **d** −3 **e** −l **f** −6 **g** l **h** −5
7 a 3, −3 **b** 5, −5 **c** 2, −2 **d** l, −1 **e** 5, −5
f 0 only **g** 3, −3 **h** 1, −1

PAGE 40   EXERCISE 4E

1 a 7 → 14 → 11 → 4 → 4 + 2 − 8 = − 2; not possible
2 a 5 **b** −4 **c** 0 **d** 4 **e** −7 **f** −13 **g** −l **h** −6 **i** −9
j 5 **k** 2 **l** −1 **m** −8 **n** 7 **o** 10 **p** −3 **q** −15 **r** 3 **s** l
t 2
3 a 10° **b** 1, 2, 0, 5, 7 **c** −3, −5, −7, −2, −4, −1.

---

8 ROUND IN CIRCLES

PAGE 41   EXERCISE 1E

1 a 80 **b** 36 **c** 64 **d** 56 **e** 24 **f** 20 **g** 32 **h** 12 **i** 16 **j** 2
2 a 366 cm **b** 32 cm **c** 7 feet **d** 0.5 m
3 a 26, 13 mm **b** 32, 16 mm **c** 36, 18 mm; 42, 21 mm
d 6, 3; 32, 16; 36, 18; 52, 26; 56, 28; 74, 37 (all mm)

PAGE 42   EXERCISE 2E

1 a Too small **b** about right **c** too large **d** about right
e too small **f** too large
2 a 35, 105 **b** 30, 90 **c** 28, 84 **d** 23, 69 **e** 22, 66 **f** 18, 54
g 17, 51 **h** 15, 45 **i** 12, 36 **j** 10, 30 (all mm)
3 a 300 feet **b** 10 feet

PAGE 44   EXERCISE 3E

1 a 2, 4, 6, 8, 10, 12, 14 **b** 0.67 m
2 a 3, 12, 21, 30, 39 **b** 1, 2.5, 4, 5.5, 7 **c** l m, 0.17 m
3 a 20 cm **b** 47 cm **c** 40 cm **d** 57 cm
4 a, c, e

PAGE 45   EXERCISE 4E

1 b 1, 4, 3; 2, 12, 12; 3, 32, 27; 4, 52, 48; 5, 80, 75
Area is about 3 × radius × radius
2 a 48 **b** 108 **c** 147 **d** 768, all mm²

---

9 TYPES OF TRIANGLE

PAGE 46   EXERCISE 1E

1 a 50°, 40°, 90° **b** 55°, 35°, 90° **c** 60°, 30°, 90°
d 45°, 45°, 90° **e** 70°, 20°, 90°
2 a 60°, 45°, 75°; 180° **b** 135°, 20°, 25°; 180°
c 55°, 55°, 70°; 180° **d** 25°, 35°, 120°; 180°
3 a 80° **b** 30° **c** 95°, 42° **d** 65°, 25°
4 10°, 80°, 90°; 45°, 45°, 90°; 62°, 74°, 44°; 60°, 60°, 60°

PAGE 48   EXERCISE 2E

1 a 2 sq **b** 1½ sq **c** 3 sq **d** l sq **e** 4½ sq **f** ½ sq **g** 2 sq
2 △ABC 3 sq, △DEF 6 sq, △GHI 4 sq, △JKL 7 sq
3 a 7½ sq **b** 7 sq **c** 10 sq **d** 7½ sq **e** 4 sq **f** 6 sq
g 12 sq **h** 4½ sq **i** 4½ sq

PAGE 49   EXERCISE 3E

1 a (ii) 45°, 45°, 45° (iii) 180° (iv) 4 cm, 2.8 cm, 2.8 cm
b (ii) 70°, 20°, 20° (iii) 180° (iv) 2 cm, 3.2 cm, 3.2 cm
c (ii) 45°, 45°, 45° (iii) 180° (iv) 6 cm, 4.2 cm, 4.2 cm
d (ii) 34°, 56°, 56° (iii) 180° (iv) 4 cm, 3.6 cm, 3.6 cm
e (ii) 63°, 27°, 27° (iii) 180° (iv) 4 cm, 2.2 cm, 2.2 cm

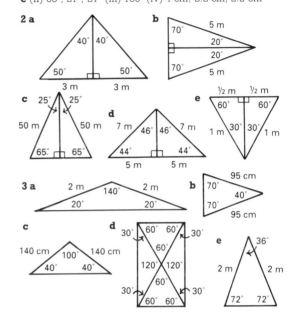

PAGE 51   EXERCISE 4E

1 a All angles 60°, all sides 15 m
b All angles 60°, all sides 80 cm
c 2 triangles. All angles 60°, sides all 7 cm in one,
10 cm in other
d All angles 60°, all sides 35 cm
e 2 triangles. All angles 60°, sides all 11 mm in one,
27 mm in other **2 a** 5 **b** 13
3 It has seven triangles in its base

PAGE 52   EXERCISE 5E

1 a 3, 3 **b** 180, right **c** sides, 2, angles **d** l
e sides, 3, angles, 3, 60°
2 a B, F **b** A, D **c** A, E **d** A, D **e** C, D **f** A, E
3 Isosceles **b, c, d, f**; equilateral **e**; right-angled **c, f**
4 a 91° **b** 42° **c** ∠RTX = 70°, ∠RXT = 40° **d** 75°, 75°
e Each angle 60°

PAGE 53   EXERCISE 6E

1 4.5 cm **2** 6 cm **3** 80° **4** 60°
5 65°, 65°, 50° **6** 35°, 59°, 86°.

10 METRIC MEASURE

PAGE 54   EXERCISE 1E

1 a mm **b** cm **c** m **d** km **e** cm **f** mm **g** km **h** m

2 a (ii) **b** (i) **c** (iv) **d** (iii) **e** (ii) **f** (i) **g** (ii)

3

```
    c         d     a       e       b
    ↓         ↓     ↓       ↓       ↓
  |--|--|--|--|--|--|--|--|--|--|
  0  1  2  3  4  5  6  7  8  9  10
```

4 a 30 mm **b** 120 mm

5 a 10 mm **b** 20 mm **c** 50 mm **d** 100 mm **e** 150 mm

6 a 4 cm **b** 6 cm

7 a 5 cm **b** 9 cm **c** 7 cm **d** 1 cm **e** 10 cm

8 6   **9** 50 cm by 40 cm

10 a 400 cm **b** 1300 cm

11 a 100 cm **b** 300 cm **c** 500 cm **d** 1000 cm
e 1200 cm

12 a 14 m **b** 24 m

13 a 1 m **b** 6 m **c** 9 m **d** 12 m **e** 20 m   **14** 25

15 a 400 cm, 300 cm **b** 800 mm, 1900 mm

16 a 4000 m **b** 12 000 m

17 a 1000 m **b** 7000 m **c** 3000 m **d** 9000 m **e** 11 000 m

18 a 6 km **b** 10 km

19 a 2 km **b** 4 km **c** 9 km **d** 12 km **e** 20 km

20 a $18\frac{1}{2}$ km **b** AB 5000 m, BC 6000 m, AC 7500 m
c 18 500 m

PAGE 57   EXERCISE 2E

1 a mm² **b** m² **c** cm² **d** mm² or cm² **e** m²

2 a 20 m² **b** 3 cm² **c** 1200 cm² **d** 900 cm² **e** 135 mm²

3 a 10 sq **b** 14 sq **c** 24 sq **d** 22 sq

4 a 16 sq **b** 9 sq **c** 12 sq **d** 10 sq

5 a 32 cm²   **6 a** 28 mm² **b** 48 cm² **c** 64 m²

7 a 48 mm² **b** 40 cm² **c** 60 m² **d** 52 cm²

8 a 450 cm² **b** 600 mm² **c** 6 m² **d** 150 000 m²

9 a 24 m², 14 m², 15 m², $7\frac{1}{2}$ m², 10 m² **b** $70\frac{1}{2}$ m²
c £1515.75

PAGE 59   EXERCISE 3E

1 a (ii) **b** (ii) **c** (i) **d** (ii)

2 a (iv) **b** (v) **c** (ii) **d** (i) **e** (iii)

3 a 800 **b** 200 **c** 1000 **d** 500 **e** 250

4 a 1000 ml **b** 1000 ml, 5000 ml **c** 8000 ml
d 12 000 ml

5 a 1 litre **b** 3 litres **c** 7 litres **d** 10 litres

6 a 12 cm³ **b** 24 cm³ **c** 8 cm³

7 a 2160 cm³ **b** 27 m³ **c** 5 m³ **d** 648 cm³

8 No. It is 20 ml short   **9** 83 ml or 83 cm³

10 a (i) 4 cm³ (ii) 112 cm³ **b** (i) 7 (ii) 28

PAGE 61   EXERCISE 4E

1 a (iii) **b** (ii) **c** (iv) **d** (i)

2 a (i) 3000 mg (ii) 5000 mg (iii) 12 000 mg
b (i) 2 g (ii) 7 g (iii) 9 g

3 a (i) 5000 g (ii) 9000 g (iii) 15 000 g
b (i) 3 kg (ii) 6 kg (iii) 1 kg

4 a 24p **b** 34p **c** 54p **d** 49p

5 523 g   **6 a** 8500 g **b** 8.5 kg

7 a 2700 g **b** 2.7 kg

11 EQUATIONS AND INEQUATIONS

PAGE 63   EXERCISE 1E

1 a 5 **b** 3 **c** 1 **d** 4 **e** 2 **f** 2 **g** 1 **h** 2 **i** 1 **j** 3 **k** 2 **l** 3
m 4 **n** 6 **o** 3 **p** 5

2 a $x = 5$; £10; £5 **b** $x = 3$; £6, £3 **c** $x = 7$; £14, £7
d $x = 3$; £12; £9 **e** $x = 2$; £6, £4 **f** $x = 5$; £15, £10
g $x = 2$; £6, £2 **h** $x = 1$; £5, £1 **i** $x = 2$; £8, £2
j $x = 3$; £12, £6 **k** $x = 2$; £12, £2 **l** $x = 5$; £30, £20

3 a $x = 1$, 4 cm **b** $x = 6$, 12 cm **c** $x = 1$, 7 cm
d $x = 3$, 12 cm **e** $x = 2$, 6 cm **f** $x = 3$, 12 cm
g $x = 1$, 5 cm **h** $x = 5$, 25 cm **i** $x = 2$, 12 cm

4 a $5x = 3x + 60$ **b** $x = 30$, 30 cm **c** 150 cm

PAGE 64   EXERCISE 2E

1 a 1 **b** 2 **c** 0 **d** 1 **e** 5 **f** 1 **g** 3 **h** 5 **i** 1 **j** 1 **k** 7 **l** 7
m 2 **n** 4 **o** 5 **p** 6

2 a $x = 3$, 4 cm **b** $x = 4$, 3 cm **c** $x = 4$, 7 cm
d $x = 5$, 3 cm

PAGE 65   EXERCISE 3E

1 a $1 < 5$ **b** $2 > 1$ **c** $8 < 9$ **d** $0 < 1$ **e** $0 > -1$
f $-1 > -2$ **g** $4 > -5$ **h** $-5 < -4$ **i** $-2 < 0$

2 a $4 < 5$ **b** $3 < 6$ **c** $8 > 3$ **d** $2 > 1$ **e** $0 < 1$ **f** $4 > 2$
g $3 > -1$ **h** $2 > -2$ **i** $-1 < 3$ **j** $-1 < 0$ **k** $-2 < -1$
l $-1 > -2$

3 a $3 > 2$, $2 < 3$ **b** $5 > 1$, $1 < 5$ **c** $3 > 0$, $0 < 3$
d $2 > 1$, $1 < 2$ **e** $0 > -1$, $-1 < 0$ **f** $0 > -2$, $-2 < 0$
g $1 > -2$, $-2 < 1$ **h** $-1 > -3$, $-3 < -1$
i $-2 > -4$, $-4 < -2$ **j** $-3 > -5$, $-5 < -3$
k $2 > -3$, $-3 < 2$ **l** $1 > -3$, $-3 < 1$

4 a F **b** F **c** T **d** T **e** F **f** F **g** F **h** T **i** F **j** F **k** T **l** T

5 a $a > b$ **b** $c < a$ **c** $b < c$ **d** $b > d$ **e** $c > b$ **f** $b < a$
g $c > d$ **h** $a > c$ **i** $d < b$ **j** $a > d$ **k** $d < a$ **l** $d < c$.

12 RATIO AND PROPORTION

PAGE 66   EXERCISE 1E

1 a 2 : 5 **b** 5 : 9 **c** 2 : 9

2 a A—5, B—8, C—4 **b** (i) 5 : 8 (ii) 8 : 4 (2 : 1) (iii) 5 : 4
(iv) 5 : 17

3 a A—4 : 6 (2 : 3), B—5 : 3, C—6 : 8 (3 : 4)
b (i) 2 : 1 (ii) 4 : 5 (iii) 3 : 4 (iv) 2 : 3

4 a The length of the couch is three times its breadth
b The height of the window is four times its width
c The value of the £1 coin is twenty times the value of the 5p coin

PAGE 67   EXERCISE 2E
1 a 4 **b** (i) $\frac{3}{4}$ (ii) $\frac{1}{4}$
c 30 ml vinegar, 10 ml olive oil
2 a 7 **b** Janet $\frac{3}{7}$, Bernard $\frac{4}{7}$
c Janet £6, Bernard £8
3 a 8 **b** (i) $\frac{5}{8}$ (ii) $\frac{3}{8}$ **c** sugar 50 g, butter 30 g
4 a (i) $\frac{2}{3}$ (ii) $\frac{3}{8}$ **b** (i) £24 (ii) £36
5 As 4 squares and 2 squares
6 a 6 **b** 3 **c** 15 apples, 5 oranges

PAGE 67   EXERCISE 3E
2 a (i) 4 cm (ii) 2.5 cm (iii) 7 cm (iv) 4.5 cm
b (i) 8 km (ii) 5 km (iii) 14 km (iv) 9 km
3 a 1 : 2 **b** (i) 2 cm, 4 cm (ii) 1 cm, 2 cm
4 a (i) 1 cm (ii) 3 cm (iii) 1.5 cm (iv) 0.5 cm (v) 5 cm
b (i) 1 m (ii) 3 m (iii) 1.5 m (iv) 0.5 m (50 cm) (v) 5 m

PAGE 69   EXERCISE 4E
1 a Time (h): 10, 20, 30, 40, 50, 60 **b** distance is doubled
2 a Costs (p): 25, 50, 75, 100, 125, 150 and 20, 40, 60, 80, 100, 120 **b** (i) doubled (ii) halved
3 a 10 km **b** 15 km **c** 20 km
4 a 50 km **b** 150 km **c** 250 km
5 a 100 **b** 1000 **c** 6000
6 a 60 miles **b** 120 miles **c** 240 miles
7 a 2 **b** 12 **c** 24   **8 a, b**

PAGE 70   EXERCISE 5E
1 60, 120, 180, 240, 300, 360
2 a 80, 160, 240, 320
b, c

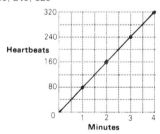

3 a, b

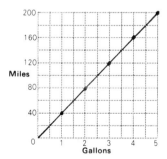

c (i) 20 miles (ii) 140 miles

4 a, 90, 120 **b**
c (i) 15
(ii) 75
(iii) 105

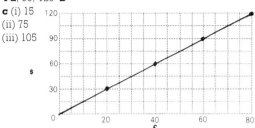

PAGE 71   EXERCISE 6E
1 a Rows: 6, 3, 2, 1; 6, 6, 6, 6 **b** halved
2 a Rows 40, 20, 10, 5, 4, 2, 1; 40 each time **b** halved
3 a Rows: 30, 15, 10, 6, 5, 3; 30 each time **b** halved
4 a 40 **b** 80
5 a 8 hours **b** 2 hours   **6 a** 25 g **b** 100 g
7 a 12 hours **b** 18 hours .**c** 9 hours   **8 a** 12 **b** 2

PAGE 72   EXERCISE 7E
1 a 9 : 10 **b** 5 : 6 **c** 1 : 10
2 a (i) 40, 80, 120, 160 (ii) 50, 25, 10, 5 **b** (i) doubled (ii) halved **c** (i) direct (ii) inverse
3 a 11 **b** £2 **c** 20p
4 a 15 min **b** 60 min
5 a 1 litre **b** $\frac{1}{2}$ litre **c** 4 litres. ·

13 MAKING SENSE OF STATISTICS 2

PAGE 73   EXERCISE 1E
1 a 3.3, 3, 2 **b** 12.4, 10, 9 **c** 4, 3.5, 3
2 a Frequency: 1, 3, 5, 2, 1 **b** 3 **c** 3 **d** 2.9
3 a No. of replies: 3, 8, 5, 3, 1 **b** 3, 3, 3.55
c 3 min pleases 8 people; 3.55 min pleases none.
4 a Day 1, 2, 3, 4, 5, 6, 7; mm of rain 8, 10, 10, 12, 8, 14, 10 **b** 10.3 mm **c** 10 mm **d** 6 mm

PAGE 74   EXERCISE 2E
1 a 4, 6, 3, 7, 3, 1, 2, 5 **b** 45 min **c** 55 min **d** 31
3 a 18 cans **b** 6 ml **c** 332 ml

PAGE 75   EXERCISE 3E
1 a

1–1.9	2–2.9	3–3.9	4–4.9	5–5.9	6–6.9
4	4	5	4	2	1

b 3–3.9 cm **c** 5.1 cm
2 a A 4, B 7, C 11, D 2 **b** C **c** 66
d The mean mark was 60.8; Bryan was average
3 a

£30–34.99	£35–39.99	£40–44.99
3	4	4
£45–49.99	£50–54.99	£55–59.99
6	1	2

c £45–£49.99
d The mean price was £43.71; Silence Centre's is close to this

PAGE 76   EXERCISE 4E

1 a Age of police constable has little to do with height, which is about constant
b As temperature increases so does pressure
c As diameter of wire increases resistance drops
d Length of hair has no connection with money in pocket
2 b £30 **c** (i) £45 (ii) £70 **d** £10

14 KINDS OF QUADRILATERAL

PAGE 77   EXERCISE 1E

2 a (5, 6) **b** (12, 2) **c** (17, 8)
3 a and **d**; **c** and **e** **4**

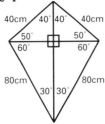

PAGE 78   EXERCISE 2E

1 a (4, 9), (1, 11), (4, 13), (7, 11)
b (5, 5), (8, 3), (11, 5), (8, 7)
c (13, 6), (9, 10), (13, 14), (17, 10)
d (21, 7), (24, 13), (27, 7), (24, 1)
2   **a**   **b**

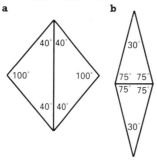

        c

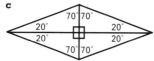

3 a 2.5 m **b** 3 m and 4 m
4 b (12, 4), (14, 2), (16, 4), (14, 6)

PAGE 80   EXERCISE 4E

1 a 60 cm **b** 40 cm
2 a (2, 4), (10, 4), (12, 7), (4, 7)
b (13, 2), (18, 2), (17, 7), (12, 7)
c (20, 4), (20, 9), (23, 5), (23, 0)

3 a AB = DC **b** AD = BC
c AB is parallel to DC **d** AD is parallel to BC
e CE = AE **f** DE = BE
4 a Opposite sides of a parallelogram are parallel
b 8 cm, 6 cm **c** 156 cm
5

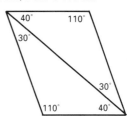

PAGE 82   EXERCISE 5E
1   **2 a**

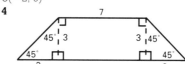

b (i) 100° (ii) 120°
3 a STUR **b** x-axis (OX) and y-axis (OY)
c P(-4, -2), Q(4, -2), R(2, 0), S(4, 2), T(-4, 2), U(-2, 0)
4

5 6 m^2 + 3 m^2 = 9 m^2.

15 SOME SPECIAL NUMBERS

PAGE 83   EXERCISE 1E

1 a 2^3 **b** 3^4 **c** 10^2 **d** 1^5 **e** 4^5 **f** 6^6 **g** 5^7
2 a $2^2 = 2 \times 2 = 4$ **b** $3^2 = 3 \times 3 = 9$ **c** $6^2 = 6 \times 6 = 36$
d $8^2 = 8 \times 8 = 64$ **e** $1^2 = 1 \times 1 = 1$ **f** $4^3 = 4 \times 4 \times 4 = 64$
g $10^3 = 10 \times 10 \times 10 = 1000$ **h** $5^3 = 5 \times 5 \times 5 = 125$
3 a (i) 5×5, 6×6, 7×7 (ii) 25, 36, 49 **b** square numbers
4 a (ii) **b** (v) **c** (iv) **d** (i) **e** (iii) **f** (vi)
5 1000, 10 000, 100 000, 1 000 000; thousand, ten thousand, hundred thousand, million
6 a 25 **b** 1 **c** 144 **d** 4 **e** 7 **f** 8
7 a 100 **b** 8 **c** 81 **d** $9 \times 9 = 81$ **e** $4 \times 4 \times 4 = 64$
f $1 \times 1 \times 1 \times 1 = 1$ **g** $5 \times 5 = 25$ **h** $6 \times 6 \times 6 = 216$
i $10 \times 10 \times 10 \times 10 = 10\,000$

PAGE 84   EXERCISE 2E

1 a (i) 16 (ii) 15 **b** (i) **2 b** (i) 9 (ii) 36
3 a 25 **b** 64 **4 a, c, e 5 b, d 6 a, b, d**

7 a 144 **b** 169 **c** 400 **d** 1.44 **e** 6.25 **f** 14 **g** 30 **h** 0.4
i 1.5 **j** 3.5 **8** 40.96 m² **9** 5.8 m

PAGE 85   EXERCISE 3E

1 a 3, 6, 9, 12 **b** 4, 8, 12 **c** 5, 10, 15, 20
d 6, 12, 18, 24 **e** 9, 18, 27, 36, 45
f 10, 20, 30, 40, 50, 60, 70, 80, 90, 100
2 a Yes **b** no **c** yes **d** yes **e** no **f** yes **g** yes **h** yes
3 a 2, 4, 6 **b** 3, 6, 9 **c** 16, 20 **d** 18

PAGE 85   EXERCISE 4E

1 a 1, 2, 3, 6 **b** 1, 2, 5, 10 **c** 1, 5 **d** 1, 2, 4, 8, 16
e 1, 2, 11, 22 **f** 1, 5, 25
2 a, **b**, **c**, **e**, **f**, **h**
3 a 1, 2, 3, 4, 6, 12 **b** 1, 3, 9, 27 **c** 1, 2, 4, 5, 10, 20
d 1, 2, 4, 7, 14, 28

PAGE 86   EXERCISE 5E

1 a (ii) 2 = 2 × 1, yes **b** (ii) 3 = 3 × 1, yes
c (ii) 4 = 2 × 2, no **d** (ii) 5 = 5 × 1, yes
e (ii) 6 = 2 × 3, no **f** (ii) 9 = 3 × 3, no
g (ii) 10 = 5 × 2, no **h** (ii) 11 = 11 × 1, yes
i (ii) 12 = 2 × 6 or 4 × 3, no **j** (ii) 13 = 13 × 1, yes
k (ii) 14 = 2 × 7, no **l** (ii) 15 = 3 × 5, no
m 16 = 4 × 4, no **n** 25 = 5 × 5, no
2 a, **e**, **g**, **l**, **n**, **t** **3** 41, 43, 47

PAGE 87   EXERCISE 6E

1 6 = 2 × 3 **2** 21 = 3 × 7 **3** 20 = 2 × 2 × 5
4 27 = 3 × 3 × 3 **5** 100 = 2 × 2 × 5 × 5 **6** 18 = 2 × 3 × 3
7 50 = 2 × 5 × 5 **8** 12 = 2 × 2 × 3 **9** 16 = 2 × 2 × 2 × 2
10 36 = 2 × 2 × 3 × 3 **11** 44 = 2 × 2 × 11
12 60 = 2 × 2 × 3 × 5.

 16 FORMULAE AND SEQUENCES

PAGE 88   EXERCISE 1E

1 a (i) 6 (ii) 12 (iii) 16 (iv) 30 (v) 2x (vi) 2t (vii) 2w
(viii) 2z
b (i) 1 (ii) 2 (iii) 4 (iv) 15 (v) b − 5 (vi) e − 5 (vii) f − 5
(viii) n − 5
c (i) £3 (ii) £6 (iii) £10 (iv) £(x − 2) (v) £(y − 2) (vi) £(f − 2)
d (i) 4 lb (ii) 2 lb (iii) 6 lb (iv) 10 lb (v) 2m lb (vi) 2t lb
(vii) 2x lb (viii) 2y lb
e (i) 18 mpg (ii) 24 mpg (iii) 36 mpg (iv) 3n mpg
(v) 3m mpg (vi) 3w mpg
f (i) 5 m (ii) 10 m (iii) 7.5 m (iv) 17.5 m (v) 2.5x m
(vi) 2.5y m (vii) 2.5z m (viii) 2.5w m
2 a T = 17; T = 20; T = 56; T = a + b + c; T = x + y + z;
T = t + u + v + w; T = 2x + 3y
b C = 18; C = 15; C = 9; C = 20 − w; C = 20 − n;
C = 20 − m; C = 20 − t

PAGE 89   EXERCISE 2E

1 a 36 cm **b** 450 mm **c** 30 m
2 a P = x + 8 **b** P = y + 10 **c** P = z + 14 **d** P = 2a + 1
e P = 2b + 7 **f** P = 3c
3 a 240 mm **b** 36 cm **c** 7.5 m
4 a P = 2x + 10 **b** P = 2m + 8 **c** P = 2s + 2t
5 a P = 4u **b** P = 4v **c** P = 4w
6 a 2 m² **b** 96 cm² **c** 17.5 m²
7 a A = 4x **b** A = 3y **c** A = mn
8 a 256 cm² **b** 625 cm² **c** 324 cm²
9 a A = t² **b** A = 4d² **c** A = k²
10 a 18 m² **b** 30 m²
11 a 4.5 m³ **b** 288 000 mm³ **c** 720 cm³
12 a V = 40h **b** V = 49x **c** V = 60y
13 a V = uvw **b** V = k³ **c** V = 8xyz
14 a 1000 cm³ **b** 140 cm **c** 700 cm²

PAGE 93   EXERCISE 3E

1 a Add 1 **b** Add 2 **c** Subtract 1 **d** Subtract 2
e Add 4
2 a Add 7 **b** Add 6 **c** Subtract 7 **d** Subtract 6
3 a 2, 4, 6, 8 April **b** 3, 7, 11, 15 May
c 8, 11, 14, 17 June **d** 4, 5, 6, 7 Aug **e** 1, 9, 17, 25 Oct
f 2, 9, 16, 23 Nov **g** 5, 10, 15, 20 Dec
4 a 2, 8, 14, 20, 26 **b** 20, 17, 14, 11, 8
c 7, 14, 28, 56, 112 **d** 64, 32, 16, 8, 4 **e** 81, 27, 9, 3, 1
f 1, 12, 23, 34, 45 **g** 14, 13, 12, 11, 10
h 100, 88, 76, 64, 52 **i** 5, 60, 115, 170, 225

PAGE 94   EXERCISE 4E

1 a 2, 4, 6, 8, 10, 12 **b** 4, 8, 12, 16, 20, 24
c 1, 4, 7, 10, 13, 16 **d** 5, 7, 9, 11, 13, 15
e 4, 9, 14, 19, 24, 29 **f** 7, 14, 21, 28, 35, 42
g 3, 5, 7, 9, 11, 13 **h** 5, 11, 17, 23, 29, 35
i 10, 20, 30, 40, 50, 60
2 a 2 **b** 3 **c** 6 **d** 8 **e** 10 **f** 5 **g** 7 **h** 12 **i** 14
3 a 1, 3, 5, 7; 2 **b** 7, 10, 13, 16; 3 **c** 7, 14, 21, 28; 7
d 1, 5, 9, 13; 4 **e** 6, 11, 16, 21; 5 **f** 4, 11, 18, 25; 7
g 3, 11, 19, 27; 8 **h** 10, 20, 30, 40; 10

PAGE 95   EXERCISE 5E

1 a 2, 2, 2 **b** 3, 3, 3 **c** 4, 4, 4 **d** 5, 5, 5 **e** 6, 6, 6, 6
f 9, 9, 9, 9
2 a   1 3 5 7   **b**   2 5 8 11   **c**   3 4 5 6
    2 2 2   3 3 3   1 1 1

d   0 4 8 12   **e**   2 3 4 5   **f**   1 3 5 7
    4 4 4   1 1 1   2 2 2

3 a   4 7 10 13 16   **b**   2 6 10 14 18
    3 3 3 3   4 4 4 4

 **17** PROBABILITY

PAGE 96   EXERCISE 1E

1 a Hot, cold **b** $\frac{1}{2}$ **c**

2 a (i) $\frac{1}{4}$ (ii) $\frac{3}{4}$ **b**

3 a 5 **b** (i) $\frac{2}{5}$ (ii) $\frac{3}{5}$ **c**

4 a (i) $\frac{1}{9}$ (ii) $\frac{8}{9}$ **b**

5 a 15 **b** (i) $\frac{8}{15}$ (ii) $\frac{7}{15}$ **c**

PAGE 97   EXERCISE 2E

1
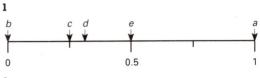

2
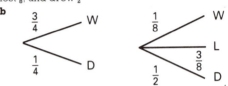

3 a Parkside won $\frac{3}{4}$, and drew $\frac{1}{4}$; Riverbank won $\frac{1}{8}$, lost $\frac{3}{8}$, and drew $\frac{1}{2}$

b

PAGE 98   EXERCISE 3E

1 Survey **2** Counting **3** Past data
4 Experiment **5** Survey **6** Counting
7 Experiment **8** Past data

PAGE 98   EXERCISE 4E

1 a 4 **b** 4 **2** 5 **3** 40
4 50 **5 a** (i) $\frac{2}{5}$ (ii) $\frac{3}{5}$
b   **c** (i) 48 (ii) 72